# 지휘관은 한 번 더 생각한다

야전 대대장의 비망록

# 지휘관은 한 번 더 생각한다

송운수 지음

고글

# 책 머리에

**대대장**이라는 야전부대 지휘관 생활을 앞두고, "어떻게 하면 나의 부대와 부하들을 잘 이끌고 갈 수 있을까?"라는 희망적인 고민을 꽤나 했던 것 같다.

육군대학에서 대대장반 교육을 받으면서 이런 고민 속에서 지휘통솔에 관한 교범도 찾아보고, 교육훈련이나 부대관리에 대한 지휘성공사례도 읽어 보고, 선배들의 경험담도 듣고자 했다.

그러면서도, **지휘통솔이나 리더쉽에 관한 이론적인 책자 외에, "먼저 경험한 선배 지휘관들의 『경험담』을 써놓은 책이 뭐 없을까?"**
하는 생각에 근처 서점을 전부 뒤졌다.

그러나 안타깝게도 병사들의 병영생활에 관한 에피

소드는 몇 권 정도 보였지만, 지휘관의 지휘 경험담을 담은 에세이는 찾아보기 어려웠다.

  이러한 아쉬움을 뒤로 하고,
  대대장이라는 중책에 전념한 지 1년이 지나고 2년차에 접어들면서, 이제 좀 마음의 여유와 좀 더 넓은 시야를 가지면서 아쉬움으로 남았던 지휘관으로서의 경험담을 나도 모르게 나의 노트북 PC에 하나씩 옮겨가고 있었다. 주로 일요일에 혼자 있는 관사에서……

  **지휘관으로 부임해서 초기 몇 달간은 날아갈 것처럼 그렇게 기분 좋더니, 두 달이 가고, 세 달이 가고, 시간이 지나면서, "어, 이거 진짜 장난이 아니네!"하는 책임감과 중압감이 점점 더 커져만 갔다.**

  부대를 나의 의지대로 움직이는 재미와 보람도 있지만 실탄을 장전하고 작전을 수행하는 막중한 임무와 계속되는 훈련들,
  쏟아지는 인사, 정보, 작전, 군수, 통신 등 각종 업무들,

500여 명의 부하 속에서 좋은 친구, 나쁜 친구, 고약한 친구 등 별 놈 다 있고,
훈련이다, 작업이다, 운동이다 하면서 크고 작게 다치는 친구들,
등등등…
만만찮은 각종 일들이 지휘관인 나에 의해서 발생하고 또 처리되고 있었다.
그 와중에서도,
새로 들어오는 신병들의 부대생활에 대한 불안 증세,
특히 신병 부모들의 아직까지 남아있는 군에 대한 좋지 않은 이미지…

이러한 전체적인 분위기속에서 병사들을 직접 지휘하는 대대급 지휘관으로서는 잘해 보고자 하는 책임감과 희망적인 열정이 생기기 마련이다.

"지휘관은 부대에 대한 무한 책임을 지는 사람이다."
"지휘관은 자면서도 부대와 부하를 생각할 줄 알아야 한다."

**라는 상급 지휘관들의 지도를 많이도 들어왔다.**

　실제로 그 많은 부하들의 모습을 보면서 그런 사명감과 책임감을 느끼지 않는 지휘관은 아마 아무도 없을 것이다. 지휘관이라면 누구나 부대를 위해, 부하를 위해 실로 많은 고민을 한다.
　실제로 필자도 특별한 능력으로 훌륭한 성과를 이룩한 건 아니지만 부대를 위해, 부하를 위해 참으로 많은 고심을 한 것 같다.
　지휘관의 부대를 위한 고심은 대동소이하다.
　첫째는, 나의 부대가 지금 이대로 전투를 한다면 이길 수 있을 것인가 하는 것이 역시 그 첫째이다. 여기서 파생되는 문제가 실로 엄청나게 많다.
　둘째는, 부대 교육훈련을 어떻게 시킬 것인가 하는 것이다. 이것은 가장 기본적이면서 가장 중요한 문제이다.
　셋째는, 부대 병력과 시설과 장비 등을 어떻게 관리할 것인가 하는 것이다. 부대의 일상적인 생활 그 자체이다.
　이것이 모든 지휘관들의 공통적인 고민이요, 책임이다.

부대를 위한 이러한 노력과 고심하는 과정 속에서,
내가 겪었던 지휘관으로서의 고뇌와 인내,
지휘관으로서 부하에 대한 지도와 가르침,
변화해 가는 신세대들의 병영문화,
신세대 병사들 간의 끈끈한 전우애,
힘들었지만 보람 있었던 훈련의 추억,
이런 것들을 오직 나만의 고민과 경험으로 덮어두기보다는 이것을 공유하는 것이 어떨까 하는 생각이 든다.
그것은 지휘관의 한 사람으로서, 군인의 한 사람으로서 공통적인 부대 생활의 한 부분들이기 때문이다.

**따라서, 필자는 이 글을 통해, 앞으로 나와 똑같은 경험을 하게 될 많은 중대장, 대대장 등 대대급 이하 지휘관들에게 나의 이러한 고민과 경험을 소개함으로써 보다 훌륭한 지휘관 생활을 하는데 있어서 조금이나마 보탬이 되었으면 한다.**

비록, 가끔 신문 또는 방송매체를 통해 군에서 발생하는 작은 하나의 사건 또는 사고소식이 전해지지만

이로 인해 마치 군 전체가 그러한 것처럼, 또는 군의 수준이 그러한 것처럼 비춰지는 것은 참으로 안타까운 일이다.

  오직 조국을 위해, 국가를 위해 개인의 낭만과 여유를 접어둔 채, 오직 전방만을 바라보고 있는 많은 장병들의 노고와 안정된 군의 모습, 신뢰받는 군의 모습을 유지하기 위해 노력하는 많은 지휘관들의 리더쉽과 그 실체가 있는 그대로의 모습으로 비추어지기를 바라면서 이 글을 올린다.

  끝으로, 부족한 대대장을 항상 믿어주고, "명령(命令) 하나에 목숨을 건다"는 대대훈(大隊訓)과 함께 동고동락을 같이한 나의 수색대대 용사들에게 특별한 감사의 인사를 드린다.

  아울러, 자주 찾아뵙지도 못하는 불효를 너그럽게 이해해 주시는 부모님과 군인의 아내로서 어려움을 지혜롭게 이겨내는 나의 아내, 그리고 사랑하는 두 아들에게 감사한 마음으로 이 글을 바친다.

1175고지 대성산을 생각하면서…<br>2006. 7.

# 차    례

**책 머리에** ················································ 7

## 1. 아이구! 이 친구들을…

1. 저, 수색대대로 가면 탈영 할래요 ················ 19
2. 저, 군대생활 못하겠어요 ···························· 28
3. 대대장님, 제 여친이 고무신 거꾸로 신었어요 ···34

## 2. 어떻게 사람 만드나?

1. 전입신병! 군대에서 뭘 배우나? ………………… 43
2. 이것이 군인 기본자세다 ……………………… 49
3. 첫 휴가 가는 병사에게 ………………………… 54
4. 떳떳하고 당당하게 행동하라 ………………… 58
5. 젊은 군 간부들아! 군 생활을 즐겨라 ………… 67
6. 전역하는 젊은이여! 야심을 가져라 …………… 74
7. 군대는 전쟁을 준비하는 곳이지만
   사회는 전쟁터다 ……………………………… 79

## 3. 달라진 병영문화

1. 터져버린 내무부조리 ………………………… 87
2. 병영문화 혁신을 위하여 ……………………… 95
3. 어? 대대장님이 식기 닦네 …………………… 104
4. 간부 정신혁명의 정착 ………………………… 110

## 4. 부대 단결은 자부심에서

1. 대대훈과 대대구호 ································121
2. 수색대대 『7대 전통』 ···························125
3. 오랑이상(像)과 자부심 ························129
4. 군복무 평가제 ···································134
5. 수색 에세이집 발간 ····························140
6. 3개월 동안의 체육대회 ······················144
7. 대대장님, 저희 체력이 좋아졌어요 ·······150
8. 명령 하나에 목숨을 건다 ····················156

## 5. 지휘관의 얼굴

1. 지휘관의 네 가지 얼굴 ······················165
2. 나의 리더십 23원칙 ··························169
3. 대대장 마음의 편지 ···························194

# 1.
# 아이구! 이 친구들을…

☞ 1. 저, 수색대대로 가면 탈영할래요

2. 저, 군대생활 못하겠어요

3. 대대장님, 제 여친이 고무신 거꾸로 신었어요

# 1.
# 저, 수색대대로 가면 탈영 할래요

사단 보충중대장으로부터 전화가 왔단다.

보충중대장으로부터 전화 올 일이 별로 없는데… 무슨 일일까?

이틀 후 수색대대로 가야 할 탐지병 1명이 수색대대로 가면 탈영하겠다고 죽는 시늉을 내면서 으름장을 놓고 있단다.

가끔 경험하는 일이기에 담담하게 이야기를 들었다.

대충 감이 잡혔다.

사단 참모장님으로부터도 전화가 왔다. 그 부모를 한 번 만나봐야 되지 않겠냐고… 그 병사의 상황이 심각하다고 판단한 보충중대장이 재빠르게 참모장님께도 보고한 것이다. 잘한 일이다. 그런 일 일수록 가능한 한 여러 계층에서 관심과 지도를 할 필요가 있기 때문이다.
 워낙 사고방식이 비관적이고 삶의 의욕조차도 없어 보인다기에 수색대대로 전입을 오기도 전에 최악의 상황으로 자살까지도 할 수도 있겠다 싶어서 그 날 당장 열 일 제쳐놓고 보충대로 달려갔다. 뭐 뾰족한 수는 없지만, 일단은 직접만나서 상황을 파악해 보고 싶어서이다.

 역시나이다.
 벌써 얼굴표정에서 삶의 의욕이라고는 전혀 보이지 않는 듯하다.
 본인이 이야기 하듯 여차하면 죽어버리거나 최소한 탈영할 준비가 되어 있어 보였다.
 나를 만나자 아무 말이 없다. 물어봐도 아무 대답이 없다. 만사 귀찮은 듯…
 생활기록부에는 부모님 나이를 두 분 다 90세로 기록해 놓았다. 나중에 부모님을 만나보니 47세 였는데…
 최소한 수색대대는 안가고 싶단다.
 나도 받아들이고 싶지 않다.
 DMZ를 누비는 수색대대는 누구를 막론하고 실탄을 장전하고 수류탄을 휴대하고 임무를 수행하는데, 이런 병사를 어떻게…

수색대대는 그 임무상 신병교육대에서 신병을 최우선적으로 선발해 오지만 유독 사단에 하나 뿐인 우리 탐지소대 탐지병들은 타 교육기관에서 훈련을 받고 오기 때문에 일단 사단으로 분류되어 오면 선택의 여지가 없다. 수색대대외 타 부대로 갈 수가 없다.

물론 방법이 없는 것은 아니다.
그러나 그렇게 하고 싶지 않다. 내가 부담스럽다고 타 부대로 보내면 타 부대 지휘관은 어떨까? 아직 데리고 교육도 시켜보지 않고 그렇게 할 수는 없는 문제이다. 일단 데리고 와서 교육을 시도해 볼 일이다.
일단, 네가 수색대대로 오면 마음이 달라질 것이라고 웃음을 보여주고 첫 만남을 마무리 했다.
휴… 답답한 노릇이다.
자식이 500명이나 되니 별 녀석 다 있는 모양이다.
내 아들 둘도 잘 못 키우는데…

이틀 후, 드디어 대대로 전입을 왔다.
대대장 신고에서부터 힘이 하나도 없다. 나 잡아먹어라 인 듯… 거 참…
대대장으로서 오기가 생겼다.
자살하겠다는 놈을 이미 2명이나 인간 만들어서 중대로 돌려보내 남보다 오히려 더 열심히 쾌활하게 생활하도록 치료해 본 경험이 있는 터이다.

'좋다, 한 번 해보자, 니가 이기나 내가 이기나…'
여러 가지 귀에 들어오지도 않을 인간적인 조언을 해주고 약속을 했다.
"삶에 비관적인 너를 대대장이 훌륭한 남자로 만들어주겠다."라고… 그리고는 그 말을 생활기록부에 그대로 써 놓았다. 나의 의지를 다지기 위해서…

일단, 인사장교를 통해서 보호하도록 하고 몇 가지 전략을 짰다.

첫째, 당분간 중대로 보내지 않고 대대 의무대에서 생활한다.

둘째, 대대장이 직접 지도하되, 주임원사, 장차 보직될 본부중대 중대장 및 행정보급관, 그리고 군의관이 전부 전담 상담원이 되어 계층별로 합동작전으로 공동 노력한다.

셋째, 간부들은 24시간 같이 있기 어렵기 때문에 의무대 분대장 그리고 바로 옆에 있는, 장차 보직될 소대의 성격 좋은 일병 한 명을 전담 지도요원으로 임명하여 24시간 보호하고 대화한다.

넷째, 장차 보직될 본부중대 전 요원들에게 이 병사의 심적 상태를 공개하고, 일체 아무도 마음에 상처를 주는 장난을 금하며, 좀 맘에 들지 않더라도 언제나 어깨 두드려 주고, 격려하고, 용기를 북돋아 주도록 한다.

다섯째, 이 병사에 대해서는 대대장 외에는 어느 누구도 야단치거나 소리 지르지 않도록 한다.

여섯째, 주특기 훈련을 제외하고, 아침 구보 및 축구 등 모든 운동에는 반드시 동참시켜 동료들과 같이 땀을 흘리게 만든다.

일곱째, 앞으로 한 달 동안 개인지도 및 대대장 특별지도를 하고 그 변화 추이를 봐서 방출할 것인가, 계속 수색대대 요원으로 만들 것인가를 결정한다.

이러한 대대장의 지침을 전 간부들에게 하달하고 작전(?)에 들어갔다. 거 참, 안 그래도 바빠 죽겠는데…

군 생활을 포기하고 싶은 놈이라 그런가. 무례하기 짝이 없다.

수색대대라고 지레 겁을 먹었는지 첫 날부터 완전히 겁먹은 표정이란다. 선임병이 뭐라 해도 들은 척도 하지 않고 오히려 노려보는 경우까지 있단다. 접근하지 말라하는 경고 메시지다. 완전히 시한폭탄 하나 안고 산다.

몇 번에 걸쳐 대대장과 대화의 시간을 가졌다.

첫 일요일에 사무실에서 편안한 츄리닝 복장으로 불렀다. 작전상…

말을 하지 않기 때문에 내가 일방적으로 떠드는 편이다. 한 시간을 울렸다 웃겼다 나름대로 열심히 투자하면서 물었다.

"대대장이 너를 위해 노력하는 만큼 너도 같이 스스로 자신감을 가지려고 노력할 수 있겠나?"

대충 5초 정도 흘렀을까?

대답은 "못 하겠습니다"였다.… ??????

OK! 알았다.

'이 녀석 50%는 쇼구나' 하는 생각이 들었다.

갑자기 자신감이 생겼다. 태도를 바꿔 야단치기 시작했다.

놀랄 정도로 심하게 야단쳤다. 그러다가 다시 서서히 타이르기 시작했다. 마지막에 녀석의 두 손을 꼬옥 잡고 진지하게 말해주고 보냈다.

"아무 걱정하지 마라. 대대장이 너를 사나이로 만들어 주겠다."라고…

문 밖을 나가는 이 녀석의 눈에 눈물이 보인다.

과연, 보여지는 대로, 느껴지는 대로 엄하게 야단치고 군기를 잡아야 할까?

아니면, 워낙 모자라는 녀석이라 오히려 감싸주고

스스로 불안한 심정이 안심이 되도록 유도해야 할까?
 이것이 같이 있는 병사들의 고민이다.
 대대장은 모든 병사들에게 후자를 택하도록 교육했다.
 야단치고 군기를 잡는 것도 심신이 건강한 녀석에게 하는 것이지, 심신이 불안하고 초조하고 작은 녀석에게 야단쳐서 뭘 할 것인가? 심기가 약한 녀석 남자 만든다고 생각하고, 우선, 불안감을 줄여주고 스스로 마음을 열고 웃을 수 있도록 아량을 베풀도록 했다.
 주위의 많은 병사들이 대대장의 지침대로 열 받아도(?) 참으면서 참으로 편안하게 대해 주었다.
 이 녀석이 드디어 웃기 시작한단다.
 쪼끔씩 적응이 되는 모양이다.
 매일 아침 8Km 구보도 제법 따라한다. 뒤쳐져도 야단치지 말고 오히려 어깨 두드려 주면서 분대장이 같이 뛰도록 했다. 제법 잘 따라한다.
 스쳐 지나가는 길에 "잘 지내냐? 집보다 훨씬 낫지?"라고 물었다.
 "집보다는 아닙니다"라고 대답한다.
 '옳지. 이녀석 많이 달라져 가고 있구나' 하는 반가운 생각이 들었다.
 '이제 됐다' 싶은 생각이 들었다.
 부모님을 불렀다.

부모에 대해 원망이 있는 녀석이다.
그러나 이제 자대생활을 한 지 열흘이 지났다.
부모님이 보고 싶을 때가 되었다. 예상대로다. 부모님을 만나자 너무나 반가워한다. 아주 자연스러운 모습이다.
어릴 때부터 시골에서 부모가 모두 맞벌이 하느라 집에 항상 이 녀석 혼자 였단다. 친구도 못 사귀고 말도 하지 않고 항상 혼자 있기를 좋아했단다. 이해가 되었다. 약간의 '자폐아'적인 성향이 있었고, 이것이 많은 젊은이가 부대껴 사는 군대라는 곳을 부담스럽고 두렵게 만든 것이다. 부모를 만나자 원망스러우면서도 반가운 것이다. 부모님께 자주 부대로 면회를 오도록 권했다. 이 녀석도 부대에서 부모를 만나자 내심 안심이 되는 모양이다.

약간 '자폐아'적인 성향이 있는 녀석!
이런 녀석이 우리 수색대대에 있다.
그러나 야단치면서 군기를 잡으려고 하기 보다는, 좀 안 어울리지만 오히려 칭찬해 주고 격려해 주고 용기를 불어 넣어 주고 있다.
짜식이 이제 제법 자신감이 붙는 모양이다.
웃는 모습이 보기 좋다.
"잘 지내냐?"

"예! 잘 지냅니다."
"집보다 더 낫지?"
"예! 더 낫습니다"라는 거짓말까지…
서서히 훌륭한 사나이로 만들어 가고자 한다.
이제 제법 열심히 따라하려고 하는 녀석이 고맙고 보기 좋다.
짜~식!

## 2. 저, 군대생활 못하겠어요

　수색대대는 사단의 특수부대이다.
　또, 평시에 매일 실탄과 수류탄을 휴대하면서 비무장지대를 앞마당처럼 누비고 다니는 부대이다.
　그래서 모든 병사와 간부를 우선적으로 선발해서 충원하기 때문에 심신이 건강하고 우수한 요원으로 구성되어 있다.
　특수임무를 수행한다는 자부심과 강한 훈련으로 군기가 세고, 때로 억센 놈들도 많지만 그래도 심신이 약하거나 정신이 이상한 친구들은 거의 없는 편이다.
　근데, 그래도, 우수하다고 판단되는 병사들을 선발해 와도, 그 짧은 시간에 그 내면세계까지 경험하기는 어려운 면이 있다보니까 때로는 정신이 이상하거나 남자들 세계에 적응을 하지 못하는 병사들도 가끔 나타난다.

 어느 날, 중대장으로부터 걱정스러운 보고를 받았다.
 100일 휴가 갔다 온 지 얼마 안되는 이등병이 '군대 생활 못하겠다'고 으름짱을 놓는다는 것이다.
 "매일 똑같은 시간에 자고, 똑같은 시간에 일어나야 되고, 일어나자 마자 뛰기 싫은데 뛰어야 하고, 맨 날 집합해야 되고, 고참들 눈치봐야 되고… 답답하고 힘들어서 못하겠다"라고 씩씩거린다는 것이다.
 또, "다 때려 부수고, 총으로 다 쏴 죽여 버리고 싶은 심정"이라는 것이다.
 참으로 어이없는 일이다.
 그러나, 보기드문 현상이지만 각 부대에서 가끔 일어나는 일이다.
 일단, "다 쏴 죽여 버리겠다"고 자기 감정을 표현한다는 것은 아무 말도 하지 않고 내성적으로 고독에 빠져드는 것보다는 낫다 싶어서 중대장을 위로하고, 즉시 조치하기로 했다.
 우선, "다 쏴 죽여 버리겠다"고 하니, 일단, 실탄과 수류탄을 휴대하는 작전에는 투입시키지 않도록 하고, 중대장의 부담을 덜어 주고자 중대에서 그 날 즉시 대대로 데려 오도록 했다.

큰 짐이 하나 생긴 셈이다. 안그래도 바쁜데…
그러나 이보다 더 중요한 건 없다.
임무보다 더 중요한 게 사람이기 때문이다.

이 병사에게 대대장이 어떤 모습을 보여 주어야 할까?
난리를 친다고 하니 무서운 모습을 보여 주어야 할까?
아니면, 마음을 가볍게 해 주기 위해서 여유있게 웃으면서 조금은 장난스러운 모습을 보여 주어야 할까?
아니면, 여유있고 무게있는 카리스마의 모습을 보여 주어야 할까?

대대장에게 불려오는 병사는 대체로 이미 긴장되고 불안하면서도 대대장으로 부터는 다른 사람에게서 얻기 어려운 위로와 따뜻한 상담을 기대하는 것이 대부분의 병사들의 심리이다.
그래서, 여유있고 무게있는 카리스마의 모습으로 상담을 하기로 했다.
그런데 웬걸, 대대장 앞에서도 막무가내다.
주고받는 대화가 안된다.
군대라는 그 자체가 싫단다. 영창에 집어넣어 달란다. 여러 사람이 집단생활하는 그 자체가 싫고, 자유도 없이 통제받는 것이 싫단다. 남들이 다 나를 싫어하는 거 같고, 저도 싫고 다 싫단다. 다 때려 치우고, 다 쏴 죽이고 저도 죽고 싶단다.

생각보다 황당한 일이다.

배경이 뭘까?

직접적인 이유가 뭘까?

성장과정에서 무슨 문제가 있었을까?

애인 문제도 아니고, 가정환경도 평범하고, 부대내에서 고참들로부터 직접적으로 소위 '갈갈이'를 당한 것도 아니고…

부모님하고 통화를 해보니 특별한 이유도 없다. 다만, 원래 좀 내성적이고 폐쇄적이고 비관적인 성격이 있다는 부모의 조언이다.

혹시, 좀 편한 데로 빠져 보려고 '쇼'하는 거 아닐까?

한 편, 이런 고민하고 있어야 하나 하는 생각에 영창에 집어넣어 버릴까 하는 생각도 순간 스쳐 가기도 했다.

그러나, 그래도 내 울타리 안에 있는 내 새낀데 하는 생각에 나의 노력을 투자하기로 했다.

혼자 조심스럽게 내린 결론은 군대라는 통제된 환경 변화에, 내성적이고 폐쇄적인 성격에서 비롯된 일시적인 부적응 현상 아닐까 하는 다소 희망적인 진단을 해

봤다.

  그래서 내 나름대로의 처방으로,

  일단, 군 정신병원으로 보내서 정신과 전문의에게 진단과 함께 상담을 하고, 중대로 보내지 않고 대대장 바로 옆에 군의관이 있는 대대 의무실에 두고 지속적으로 교육과 상담을 하면서 마음을 안정시키고 자신감을 갖도록 지도해야 되겠다는 방향을 잡았다.

  생각 같아서는 다 집어 치우고 부적격자로 사단에 보고해서 다른 부대로 전출 보내고 치워버릴까 하는 유혹도 없지 않았던 게 사실이다.

  우리 수색대대는 늘 실탄과 수류탄을 가지고 실전을 하는 부대이니 만큼, 사단장님께서도 지극히 위험하고 부담스러운 병사는 즉각 보고만 하면 다른 부대로 전환시키겠다고 하는 위안의 지침도 있었기 때문이다.

  그러나, 어디 그런가?

  현상을 보고만 하면 즉시 다른 부대로 빼 주시겠지만…

  나 편하자고 남에게 부담 줄 수야 있겠는가?

  또, 군 목사님이나 신부님이나 법사님의 도움을 받을 수는 있겠지만 일시적인 지도이지 장기적인 지도는 실제 불가능하기 때문에 맡기기도 곤란한 입장이다.

  결국 해결할 사람은 대대장밖에 없다.

희망사항으로는 정신과 의사가 '정신병 환자'로 판단해서 그냥 제대시켜 버리면 좋겠지만 그 절차나 과정이 그리 단순하지만은 않다.

어쨌든, 1차적으로 정신과 전문의에게 보내면서 가능하면 완전히 정상적인 상태로 완쾌되어서 왔으면 좋겠다는 희망으로 군 병원에 보내봤지만 역시나… 정신질환 증세는 없다고 몇 일만에 부대로 돌아와 버렸다.
그 짐이… 이제 나의 몫이 된 것이다.
으이구… 이것이 부하많은 지휘관의 애환이려니…

## 3.
# 대대장님, 제 여친이 고무신 거꾸로 신었어요

항상 밝고 씩씩하던 녀석이 요즘 통 힘이 없어 보인다.
"야! 이 일병, 너 왜 요즘 힘이 없어 보이냐?"
"예. 아무 것도 아닙니다. 분대장님"
"아무 것도 아니긴 임마, 니 얼굴에 다 씌여져 있는데 이놈아. 얘기 해봐, 혹시 뭐 쫌 도움이 될 지 아냐?"
"…… 사실은, 제 여자 친구가 고무신 거꾸로 신었는 모양입니다. 편지가 왔는데 이제 그만 만나잡니다. 전화해도 받지도 않습니다."
"뭐? ㅋㅋ… 너도 드뎌 올 것이 왔구나, 키키…"
"얌마! 군대생활 하다보면 한 번씩 다 겪는 거야, 이놈아, 뭐 너만 그런 줄 아냐? 나도다, 나도야!"
"여자라는 게 다 그런 거란다, 너도 이제 세상을 배우고 있는 거지…"

이것이 병사들간에 군생활 하면서 통상 있는 대화내용이다.
이 병사의 이야기가 중대장을 통해서 대대장에게까지 보고가 되었다.
매 주 한 번씩 대대장과 중대장들간에 중대별 병력현황과 병사들의 애로사항이나 환자상태 파악 또는 어려운 입장에 있는 병사들을 파악해서 해결해 주기 위한 소위 '병력결산'이라는 회의를 실시하기 때문이다.

대대장으로서 이러한 병사들을 그냥 넘길 수 없다.
대대장실로 부르기보다 내가 그 병사를 만나러 갔다. 통상 대대장실로 부르면 병사들이 많이 부담이 되기 때문이다. 밖에서 자연스럽게…
얘기를 들어보니 꽤나 마음에 두고 있었던 모양이다. 심각한 충격을 느낀 모양이다. 결혼까지 맘 먹었었단다. 사내 눈에서 눈물이 보인다. 짜식이 순진파로 보인다.
누가 이 순진하고 잘생긴 녀석을 두고 고무신을 거꾸로 신었단 말인가?

대대장으로서 이 녀석을 어떤 방식으로 위로를 해줘야 할까?
여러 가지 방법이 있다.

본인 맘처럼 심각하고 진지하게 들어주고 진지하게 위로해 주는 것이 좋을까? 아니면, 마치 별 일 아닌 것처럼 장난스럽게 접근해서 마음을 가볍게 해 주는 것이 좋을까?

상대의 성향에 따라 다를 것이다. 이 녀석을 보아하니, 순진하기는 하지만 그래도 남자다운 결단력은 있어 보였다. 그래서 후자의 접근방법으로 마음을 가볍게 해 주기로 했다.

"얌마! 여자라는 게 다 그런 거야. 그런 여자라면 일찌감치 본 성을 드러내고 가길 잘 했다야. 나중에 결혼해서 도망가면 진짜 골치 아프지. 너의 시험에 탈락했다고 생각해라.

남자는 임마, 원래 한 여자 밖에 모르면 빙신이야 이놈아. 이참에 새 옷 입어라. 누구는 고무신 거꾸로 신을 까봐 아예 고무신 사주고 왔다더라.

나도 결혼하기 전에 몇 명 된다. 우리 와이프 알면 골치 아프지만…

아픈 만큼 성숙하는 거야. 이놈아.

속 시원하게 잊어버리고 경험삼아 더 멋진 여친 만들어 봐라. 용사가 임마, 당장 쓰잘데기 없는데서 헤매지 말고 대대장하고 저녁이나 먹으러 가자. 맛있는 거 사줄게."

짜식이 대대장의 위로에 다소나마 마음이 후련해지

는 모양이다. 웃음이 보이고 대답 소리가 금방 커졌다.

 500명을 지휘하는 대대장은 만능이라야 되는 모양이다.
 별 일이 다 있다. 여친이 이별을 고해서 병사들의 사기를 떨어뜨리는 경우가 부대에서 가장 흔히 일어나는 경우이다.

 **경험적으로 보면, 군대 입대하기 전에 만났던 여친들이 통상 일병때 가장 많이 헤어진다. 군에 입대한지 6개월에서 1년 정도 되는 시기이다. 그 고비를 넘기면 군생활의 반이 지나기 때문에 기다리는 경우도 더러 있다. 근데, 평균적으로 80~90%가 군 생활중에 여친이 먼저 작별을 고하는 것으로 나타난다. 놀라운 일이다.**

 국방의 의무를 지고 군에 입대하는 사나이들의 여친들!
 가슴에 손을 얹고 반성할 일이다.
 과연 그렇게 금방 바람과 함께 사라져야 하는지?
 그런 거꾸로 신는 고무신이 부대 전투력에 도움은 커녕, 부대의 사기에 얼마나 큰 영향을 주는지 알기나 하는지?
 여친들!

그대들은 아는가?
여친을 두고 군에 입대한 사나이들의 심정을…
근데, 왜?
군에 입대한 애인을 두고 딴 데로 가는 걸 '고무신 거꾸로 신었다'고 할까?
짚신도 아니고, 잘 달리는 운동화도 아니고, 하이힐도 아니고… 왜 하필 고무신인가? 그것도 왜 똑바로 신고 안가고 거꾸로 신고 가는 걸까? 별 게 다 궁금해진다.
인터넷을 항해하면서 '지식검색'을 해보니 거기에 답이 있었다.
옛날도 아주 옛날,
고무신이 현재의 하이힐처럼 유행이었던 시절, 그때도 불장난이라는 것은 엄연히 존재하였으니… 담너머 훔쳐 본 남정네의 우람한(?) 몸에 반하거나, 마실 중에 작업(?)을 걸어대는 바람둥이 김선비의 수작에 못이기는 척 넘어가는 아낙네들이 야반도주를 감행할 때, 고무신을 거꾸로 신고 도망갔다고 한다.
이유인 즉슨,
고무신을 거꾸로 신고 도망친다면, 신발자국이 밖으로 간 것이 아니라 집으로 들어온 것처럼 찍혀 있게 만들어 시간을 벌 수 있게 되기 때문이란다.
이것이 유래가 되어 요즘까지도 여성이 변심하는 것

을 '고무신 거꾸로 신었다'는 표현으로 내려온다고 한다. 그럴 듯한 얘기다.

군복을 입고 국방의 의무를 다하는 건아들아!
여친이 '고무신 거꾸로 신었다'고 슬퍼하거나 노여워 마라.
오히려 고마워 해라.
세상을 가르쳐 주었으니까, 새로운 출발을 하게 해 주었으니까.
여자는 많다.

## 2.

# 어떻게 사람 만드나?

☞ 1. 전입신병! 군대에서 뭘 배우나?
2. 이것이 군인 기본자세다
3. 첫 휴가 가는 병사에게
4. 떳떳하고 당당하게 행동하라
5. 젊은 군 간부들아! 군 생활을 즐겨라
6. 전역하는 젊은이여! 야심을 가져라
7. 군대는 전쟁을 준비하는 곳이지만 사회는 전쟁터다

## 1. 전입신병! 군대에서 뭘 배우나?

"필승, 시시 신고합니다. 이병 ○○○는 2006년 ○월 ○일부로 신병 교육대에서 수색대대로 전입을 명 받았습니다. 이에 신고합니다. 필승."

이제 막 '군인만들기' 훈련을 받은 이등병에게는 아마도 하늘같은 대대장앞에서 입대하기 전 까불던 모습은 어디가고 없고, 첫 마디부터 떨리는 목소리로 야전 대대장과 첫 대면을 한다.

부모 밑에서 어려운 것 모르고 학교 다니다가 머리 깍고 청바지 벗고, 어색한 군복입고, 신병훈련 받고 드디어 자대 배치받아 앞으로 2년간 생활할 부대의 대대장에게 전입신고를 하면서 바야흐로 군대생활이 시작된다.

이제 여기가 자기 집인 셈이다.
이때, 신병의 심정은 어떨까?
초등학교때 새 학교에 전학해서 배치받은 교실에서 선생님으로 부터 소개받을 때와는 비교할 수 없는 초조감이 있게 마련이다.
왜냐하면, 학교 교실에서야 전부 동료이고, 수업 끝나면 집으로 갈 수 있지만 군대는 다르다.

입대하면 전부 하늘같은 고참, 그리고 무섭게 보이는 간부들 뿐이다.
또한, 24시간 집에 갈 수 없고, 고참 눈치나 봐야하는 생활관(내무실) 생활이 시작되기 때문일 것이다.
따라서, 자대 전입와서 드디어 대대장에게 전입신고를 하는 신병은 몇 가지 공통적인 특징이 보인다.

첫째는, 대대장에 대한 신고를 마치고 차 한 잔 마시면서 대대장에게 잠시도 눈을 떼지 못한다.
불안한 세계에서 오직 내가 믿고 기댈 수 있는 사람은 아버지같은 대대장뿐일 것이며, 대대장님은 나를 위로해 줄 것이라는 기대심리이다.
둘째는, 대대장 말 한마디, 동작 하나하나를 세밀히 관찰한다.
아마도 앞으로 나를 지휘하고 내가 믿고 의지해야

할 사람이 어떤 사람일까 하는 호기심이리라.
 한 마디로 불안하고 초조한 모습이다.

 이러한 신병에게 대대장은 어떤 모습을 보여주고 어떤 말을 해 주어야 할까?
 불안해 하는 신병이기에 농담섞인 말로 웃음을 보여주어 신병의 마음을 아주 편안하게 풀어주어야 할까?
 아니면, 묵직하면서도 구구절절 옳은 말만 하고 인자해 보이는 카리스마의 모습을 보여야 할까?
 아니면, 신병을 군인 만들고 군대란 곳이 사회와 다르다는 분위기를 잡기 위해 무서운 모습을 의도적으로 보여야 할까?
 아마도 세 번째 모습을 보이고자 하는 대대장은 없을 것이다.
 대체로 첫 번째 아니면 두 번째 모습으로 신병을 대할 것이며, 나는 그 중 두 번째 모습을 보여주는 편이다. 아무래도 불안한 신병에게는 최후의 보루로서 의지할 수 있는 기둥이라고 믿고 싶을 것이기 때문이다.

 그리고는 이제 대대장만 쳐다보는 신병에게 무엇을 가르칠 것인가?
 나는 무엇보다도 자신감과 희망, 그리고 군에서 배워야 할 과제를 가르친다.

자, 이제 군 생활이 시작됐다.
집을 떠나, 부모님 곁을 떠나 '홀로서기'가 시작됐다.
이제 내 인생의 '독립선언'을 해라.
이제 어른이 되기 위해 '나'를 만들고, '남'을 배워라.

군대는 초, 중학교, 고등학교, 대학교와 비교할 수 없는 인생학교다.
이제 독립인으로서 어른이 되기 위한 '인생 수련장'이다.
아무도 가르쳐 주지 않는다.
스스로 배워라.
2년 후, 건강하고 웃는 얼굴로 이 자리에서 전역신고를 한다면, 네 인생에 가슴 벅찬 자신감이 생길 것이다.
앞으로 시작되는 50년 인생에 희망이 보일 것이다.

군대에서 무엇을 배울 것인가?

**첫째는, '인간'을 배워라. 예의와 도리를 배워라.**
나를 위로해 주는 사람에게서 남을 위로해 주는 방법을 배우고,
나에게 용기를 주는 사람에게서 남에게 용기를 주는 법을 배우고,
나를 기분좋게 만들어 주고 예의를 갖추는 사람에게

서 남을 기분좋게 만드는 방법과 예의를 배워라.
　나를 열받게 만드는 사람에게서 남을 열받게 하지 않는 방법을 배우고,
　지켜야 할 질서와 규정이 얼마나 중요한가를 배우고,
　아래 위가 얼마나 무서운가를 배워라.

**둘째는, '인내심'을 배워라.**
　군대는 자고 싶어도 못자고, 자기 싫어도 자야 하고,
　먹고 싶어도 못먹고, 먹기 싫어도 먹어야 한다.
　뛰기 싫어도 뛰어야 하고,
　힘들어도 안 힘든 척 해야 한다.
　시험을 위해서 공부하는 사람이 졸린다고 바로 잘 것인가,
　시합을 앞두고 있는 사람이 힘든다고 연습 안 할 것인가,
　군대에서 자기관리를 배우지 못하고 인내심을 배우지 못하는 사람이 사회에서 성공할 수 있을까?

**셋째는, '체력'을 키워라, 평생보험이다.**
　군대에서 체력을 못 키운 사람이 사회에서 운동한다? 글쎄…
　돈이 있을 때 보험을 드는 것이다.

가장 건강한 나이에 체력을 키워라.
내가 뛰면서 힘든다고 느낄 때 나의 체력이 성장한다.
체력은 인생의 보험이다.
군대에서 보험을 들어라. 돈 안들이고…

# 2. 이것이 군인 기본자세다

어느 날, 아침 상황보고를 받고 있는데, 있어야 할 참모 한 명이 보이질 않았다.
"교육장교 어디 갔나?"
"죄송합니다. 아직 출근 않했습니다. 지금 들어오고 있습니다."
"뭐야? 왜?"
"어제 관사에서 중위 참모들끼리 늦게까지 한 잔 한 거 같습니다."
"그렇다고 출근시간을 못 지킨단 말인가? 기본자세가 안돼 있구만 짜식이…"

 군인은 군인이다.
 군인은 군인다운 멋이 있어야 한다.

군인다운 멋이 무엇인가?
바로 군인이기 때문에 특별히 지켜야 하는 기본자세가 아닌가?

첫째는, 시간을 지키는 것이요,
둘째는, 복장과 용모를 지키는 것이고,
셋째는, 상관에 대한 예절이다.

군인은 그 전날 새벽 5시까지 술을 먹어도 그 담날 정확하게 출근시간을 맞출 줄 알아야 하는 거 아닌가?
설령 출근해서 비몽사몽 졸고 있는 한이 있더라도 시간만큼은 정확하게 지킬 줄 알아야 그것이 군인자세라고 할 수 있다.

또, 군복의 멋은, 비오는 날, 비를 일부러 맞을 필요는 없지만 비 좀 덜 맞으려고 자라 목을 해가지고 쭈그리하게 몸을 잔뜩 움추리고 뛰는 폼이 아니라, 어쩔 수 없을 때는 비를 맞으면서도 당당하게 서서 똑바로 쓴 모자 창 끝에서 빗물이 똑똑 떨어질 때 가장 멋이 있는 것이다.
청바지를 입었을 때는 청바지에 맞는 멋이 있고, 군복이라는 유니폼을 입었을 때는 유니폼에 맞는 멋이 있는 것이다.

그 담날, 또, 못 볼 걸 봤다.

병장이 하사에게 경례도 안하고 어정쩡하게 휙 지나가버리는 게 아닌가?

"아니, 저 놈이…"

내막을 확인해 보니, 부대에서 부사관 지원을 통해 몇 개월 교육받고 하사로 임관해서 다시 자대로 배치받아 부대로 돌아오는 제도가 있다.

부사관은 통상 상병때 지원해서 교육받고 하사를 달고 복귀하더라도 여전히 병장들이 고참으로 남아 있기 때문에 서로 간에 말하고 경례하기가 껄끄럽게 되기 때문이다.

물론, 하사로 복귀하면 통상 타 중대로 배치해 주는 것이 관례이긴 하지만 타 중대에서도 이미 다 알고 있기 때문이다.

이런 몇 가지 못 볼 걸 보다 보니까 이거 안되겠다는 생각이 들어 다음과 같은 군인 기본자세 대대장 강조사항을 하달하여 각 중대 내무실에까지 부착하여 지키도록 했다.

이 것을 각 내무실 까지 부착해서 교육하고 가르치고 강조하다 보니, 분위기가 확 달라졌다.

병사들과 간담회를 하면서,

"대대장이 강조하는 군인 기본자세에서 가장 기억에

남는 것이 뭔가?"
라고 물었을 때 한결같이,
 "병장이 나이 어린 하사에게 경례 할 줄 아는 것이 군인 기본자세의 멋이라는 것이 가장 기억에 남습니다."
라는 대답이다.
 그 후, 대대에서 군인 기본자세에 대한 걱정은 별로 안해 본 것 같다.

## 군인 기본자세 대대장 강조사항

1. 어떤 일이 있어도 주어진 『시간』을 지킬 줄 아는 것이 군인 기본자세의 『시작』임.

2. 흐트러지지 않은 『복장과 용모』를 단정히 하는 것이 군인 기본자세의 『상징』임.

3. 병장이 나이 어린 하사에게 『경례』할 줄 아는 것이 군인 기본자세의 『멋』임.

4. 상관을 어려워 할 줄 알고 『상호존중』할 줄 아는 것이 군인 기본자세의 『도리』임.

5. 누가 보든 안보든 자기 자신을 속이지 않고, 『항상 떳떳하고 당당하게 행동』하는 것이 군인 기본자세의 『결실』임.

## 3. 첫 휴가 가는 신병에게

병사가 입대 후 100일이 되면 드디어 첫 휴가라는 걸 간다.

4박 5일간…

아쉬운 사람들을 뒤로 하고 군복을 입은 지 100일 만에 다시 보고 싶은 사람들을 만날 수 있는 휴가인 것이다.

어쩌면 그 첫 휴가를 위해서 100일을 참아 왔을 지도 모른다.

근데, 첫 휴가를 보내는 대대장의 입장은 아직 검증(?) 되지 않은 어린 애를 물가에 내보내는 기분이 약 2%는 남아 있다.

왜냐면, 철없는 신병 중에는 처음 경험해 보는 병영 생활에서 어쩔 수 없이 참고 있다가 다시 밖으로 나가면 다시 부대 들어오는 걸 두려워하는 병사도 간혹 있고, 첫 휴가로 마치 해방감 같은 느낌으로 절제 없는 행동을 할 수도 있기 때문이다.

또, 간혹 군인임을 망각하고 지금 밖에서 한창 진행 중인 대통령 탄핵 집회라든지, 임금투쟁 등 정치, 노동 운동에도 관여하는 일이 실제로 보도된 적이 있었기 때문이다.

그래서 대대장은 첫 휴가를 가는 신병에게 반드시 휴가신고를 받고 성의있는 교육과 함께 당부를 한다.

**첫째는, 첫 휴가의 가장 큰 의미는 나를 군에 보내고 가장 걱정하고 보고 싶어 할 부모님을 가장 먼저 찾아뵙고 큰 절을 올리는 것이라고...**

일부 병사들은 애인부터 연락하고 찾아가는 철부지도 있기 때문이다.

가장 먼저 부모님을 찾아뵙고 큰 절을 올리고 나서, 아들의 군생활의 궁금증을 풀어 드리라고 당부한다.

이 놈이 군에 가서 고생은 하지 않는지, 잠은 제대로 자는지, 고참들한테 시달리지는 않는지, 혹시 왕따가 되지는 않는지, 배고프게 지내는 건 아닌지… 부모님은 얼마나 궁금해 할 것인가?

군복입고 100일 만에 철이 좀 들었다면 부모님이 걱정하지 않도록 부대가 집보다 더 낫다그 걱정하시지

말라고 씩씩하게 큰소리 칠 것이고, 철이 없는 놈이라면 엄살을 부릴거라고 당부아닌 당부를 한다. 그러면 십중팔구는 철이 있는 모습을 보이기 때문이다.

어느 부대 지휘관이라도 신병이 그야말로 부대가 집보다 더 나은 느낌을 가질 수 있도록 노력하고 있기 때문이다.

**둘째는, 군복을 입은 군인은 군인이어야 함을 당부한다.**

설령, 군 입대전 학교 다닐 때는 머리띠를 매고 데모도 했다고 하더라도 이제 군복을 입은 순간에는 전방을 지키는 군인임을 잊지 말 것을 당부한다.

군복을 입은 군인마저 '찬성한다, 반대한다' 한다면 외풍은 누가 막을 것인가 라고…

군복을 입은 군인은 묵묵히 전방을 지키고 있어야 후방에서 '찬성도 반대'도 할 수 있는 거 아니겠는가?

**셋째는, 군복이라는 유니폼의 멋을 지키도록 당부한다.**

청바지는 청바지 나름대로의 멋이 있고, 군복은 군복 나름대로의 멋이 있다고…

군복을 입고 마치 청바지 입은 것처럼 모자를 삐딱하게 쓰고 짝다리로 서 있으면 멋이 있겠는가.

군복의 멋은 똑바로 눌러 쓴 모자 밑에 부리부리한 눈매, 어깨 딱 펴고 당당하게 걷는 모습, 앉아 있기보다 똑바로 서 있는 모습이 아니겠는가?

입대 100일 만에 첫 휴가를 가는 신병은 정말 설레이는 맘으로 부대를 나선다. 최전방 산 속에 있다가 짧은 머리에 군복을 입고 다시 만나는 도시와 부모님은 그 전 보다 훨씬 더 소중하고 아름다워 보일 것이다.

첫 휴가를 가는 신병들아!
대한민국 군인임을 자랑스럽게 생각하고 이제 나라의 기둥으로, 내가 이 도시를 지킨다는 자부심과 긍지를 가지고 당당한 발걸음으로 도시를 활보하라.

# 떳떳하고 당당하게 행동하라

   군인은, 아니, 굳이 군인이 아니더라도, '위풍당당' 해 보일 때가 가장 멋이 있다.
   그런 위풍당당한 멋은, 우선, 외모에서부터 '당당' 해 보이는 경우도 있고, 또, 외모에서는 위풍당당한 느낌은 없어도 시간이 가면서 그 사람이 '위풍당당' 해 보이는 경우도 있다.

   태어날 때부터 이런 모습을 가지고 태어나는 사람이 얼마나 있을까?
   그것은 만들어지는 것이다.
   아마도 스스로 떳떳하고 당당한 행동을 하기 위해서 노력하는 과정에서 만들어지는 부산물일 것이다.
   그러면, 이러한 모습은 어떻게 만들어질까?

### 첫 번째는, 거짓을 말하지 않는 것이다.

거짓말도 때로는 효용이 있을 때도 있다. 위기를 모면하게 해주는 경우도 있고, 오히려 위기가 아니라 호기를 만들어 줄 때도 있다. 그러나, 거짓말도 몇 번 써먹으면 버릇된다. 그게 그렇게 오래 가지 않는 것이 대부분의 경우이다.

언젠가는 그 사람의 거짓이 나타나게 되어 있다. 한 번 보이고, 두 번 보이면 그 사람은 신뢰를 잃을 수 밖에 없는 것이다.

신뢰란 참으로 무서운 것이다.

나는 나의 모든 간부들과 병사들에게 가르친다.

"신뢰가 있는 사람은 자다가도 떡이 생긴다"고,

"신뢰가 있는 사람은 한 두 번 실수를 해도 용서를 받을 수 있다"고,

반면에, 신뢰가 없는 사람은 떡이 주어지지가 않는다. 잘해도 항상 의심을 받게 마련이다. 한 번 잃어버린 신뢰는 그리 쉽게 회복하기 어렵다. 최소한 같은 사람에게서 6개월에서 2, 3년은 족히 걸릴 것이다.

### 두 번째로, 불확실한 것을 임기응변으로 말하지 않는 것이다.

때때로, 윗사람의 갑작스런 질문에 불확실하면서도 즉흥적인 대답을 하는 사람을 많이 본다. 다행히 그것

이 맞다면 그냥 넘어갈 일이지만 불확실한 상황에서의 임기응변은 대체로 틀린 경우가 많다.

그것이 나중에 틀린 것으로 확인될 때면 난처하기 이를 데 없는 경우가 많다. 또한, 그것을 들은 사람은 그 사람에 대한 불신이 쌓이게 마련이다.

차라리, 모르면 모른다고, 확인이 되지 않은 사실이면 확인이 되지 않았다고 말하는 것이 오히려 그 사람을 돋보이게 하는 경우가 많다. 나는 항상 가르친다. 그리고 나도 배운다.

'불확실한 임기응변은 불신의 지름길'이라고…

**세 번째로, 아무도 보지 않는 곳에서 자기 할 일을 하며, 규정을 지키는 것이다.**

약삭빠른 사람은 통상 남이 보는 곳에서는 잘 하지만 남이 보지 않는 곳에서는 대충하는 경우가 많다. 그것이 익숙해지다 보면 아마도 그 사람의 얼굴도 그렇게 변하는 것처럼 보인다. 대충 얼굴만 보아도 그 사람이 어떤 사람인지 짐작이 가는 경우가 많다.

나는 나의 모든 간부들과 병사들에게 교육한다.

"그 사람을 3개월에서 6개월만 겪어보면 굳이 매일 얼굴을 접하지 않아도 그 사람의 신뢰성을 알 수 있다"고,

"보이지 않는 곳에서 그 사람의 신뢰성이 보인다"

고,
 그 기간내 대개의 경우 그 사람의 보이지 않는 곳에서의 행동이 언젠가는 나타나게 되기 때문이다.
 남이 보지 않는 곳에서, 누가 보든 안보든 자기 할 일을 하고 규정을 지키는 것, 그것이 그 사람을 '떳떳하고 당당한' 모습으로 만들어 준다.

**네 번째로, '눈치'로 행동하는 것이 아니라, '판단'에 의해서 행동하는 것이다.**
 우리가 부대생활하면서 스스로 결정해야 할 때가 많다. 간부나 병사나 다 마찬가지이다.
 주어진 임무를 수행할 때,
 교육훈련을 통제할 때,
 내무생활을 통제할 때,
 일직근무를 할 때,
 작업을 할 때
 등등…
 언제나 자신의 행동의 수위를 선택해야 한다.
 그 중에, 교육훈련을 통제할 때, 그리고 내무생활을 통제할 때 '눈치'를 많이 보고 가급적 덜 힘들게, 수월하고, 편하게 하려고 하는 경향들이 나타난다.
 이 때, 행동기준이 자기 나름대로 있어야 한다.
 예를 들어, 야외에서 교육훈련을 할 때, 상급 지휘관

이나, 교육감독이 없다고 해서 좀 더 수월하게 힘든 과정을 좀 생략한다든지, 시간을 단축한다든지, 아예 다른 걸 한다든지, 대충하다가 상급 지휘관이나 교육감독관이 오면 얼른 하는 척 했던 경험이 누구나 한 두 번쯤 다 있었을 것이다.
　과연, 이렇게 해야 할 것인가?
　교육훈련도 그 대상의 수준과 지형여건과 기상조건과 준비상태에 따라서 그 방법이 달라질 수 있는 것이다.
　따라서, 떳떳하고 당당한 사람이라면, 단순히 아무 이유없이 쉽게 쉽게 하고자 하는 것이 아니라, 여러 가지 상황을 고려해서 자기나름대로의 판단에 의해 그 방법과 수위를 결정해야 한다.
　그래서, 교육중에 설령 불시에 누가 방문한다고 하더라도 갑자기 안하던 짓을 하는 것이 아니라, 여러 가지 사유에 의한 자기판단에 의해 스스로 결정한 방법을 떳떳하게 이야기할 수 있어야 한다. 그것이 떳떳하고 당당한 사람의 행동이다.

　그러면, 그 판단기준은 무엇일까?
　첫째는, 규정과 방침이다. 모든 행동의 판단기준은 그와 관련된 규정과 방침이라야 한다. 그러면, 선택을 하는 데 있어 마음이 편하고 떳떳하다.

둘째는, 규정과 방침을 기초로 부가적인 여건과 상황이 그 판단기준이 되어야 한다.

그래서, 누가 보든 않보든 간에, '눈치'에 의해서가 아니라, 스스로의 '판단'에 의해 자신의 행동이 합리화 되어야 떳떳하고 당당한 사람이다.

**다섯 번째로, 내가 먼저 솔선하는 것이다.**
정말 쉬운 일이 아니다. 지금의 시대는 계급으로만 지휘하고, 말로만 통솔하는 시대가 아니다. 부하들도 병사들도 다 안다. 그냥 말을 하지 않을 뿐이다.
그러면, 무엇을 솔선해야 할 것인가?
먼저, 규정에 대한 준수이다.

첫째는, 일병보단 상병이, 병사보단 간부가, 간부에 앞서 지휘관이 먼저 규정을 준수해야 한다.
지휘관이라고 융통성있게 행동하던 시대는 지났다. 복장에 대한 규정, 경례규정, 위병소 출입규정, 보안규정, 근무규정 등등 군대든, 사회든 모든 것이 규정에서부터 출발하는 것 아닌가?

둘째는, 부하들과 똑같이 행동하는 것이다.
특히, 대대급이하 부대에서는 대대장부터 병사들과

똑같은 복장, 똑같은 조건에서 움직여야 한다. 야외 훈련을 나가서 병사들은 반합에 밥비닐로 밥을 먹는데, 대대장은 식기에 밥을 먹는 것부터 고쳐가야 할 것이다.

**여섯 번째로, 남을 위해 배려해 줄 수 있을 때 배려하는 것이다.**

남을 위한 『배려』만큼이나 중요한 말은 없을 것이다.

일병이 이등병을 배려하고, 분대장이 분대원을 배려하고, 간부가 병사를 배려하는 곳에서 감사한 맘이 생기고, 감사한 맘에서 존경심이 생기며, 거기서 부대단결심이 생길 것이다.

즉,『배려』=『감사』=『존경』=『단결』이라는 등식이 생기지 않을까 한다.

그러면, 무엇을 배려해야 할 것인가?

그것은 누구나 다 아는 상식이다.

첫째, 남이 어려울 때 배려하고,
둘째, 남이 힘들 때 배려하고,
셋째, 약자를 배려하는 것이 아닐까 한다.

군대는 때로는 '악'과 '깡'이 필요하다. 인내심이 필요할 때 무조건 배려하는 것과는 우리가 쉽게 구분할 수 있는 일이다.

떳떳하고 당당한 사람일수록 남을 배려하고 자기가 총대를 메는 사고가 있을 것이다.

**일곱 번째로, 남에게 반대급부를 바라지 않는 것이다.**

남에게 일시적으로 배려한다고 해서 그에 대한 반대급부를 바란다면, 떳떳한 행동일까? 가끔 주변에서 굳이 생색을 내고자 하는 경우를 자주 본다. 나도 때로는 그런 일이 있었으리라.

또, 때로는 '한 턱 쏴라'는 강요도 가끔 보는 일이다. 이 '한 턱 문화' 또한 우리한테서 없어져야 할 병폐이다.

심지어는 자기가 진급시켜 준 것도 아니면서 자기한테 한 턱 쏘라는 강요도 혹간 본다. 지금은 이런 것은 많이 사라졌지만…

어떻든, 감사라는 것은 받은 사람이 스스로의 선택에 의해서 표현하는 것일 수는 있으나, 요구하고 바라는 것은 떳떳하고 당당한 사람의 행동은 아닐 것이다.

**여덟 번째로, 실수를 인정하고, 잘못을 반성할 줄 아는 것이다.**

사람이 살면서 실수나 잘못을 하지 않고 사는 사람

은 없을 것이다. 완벽한 사람이 어디 있겠는가? 때로는 자신의 실수나 잘못을 인정하기에 앞서 굳이 변명부터 늘어 놓거나 은폐하려는 시도를 많이 본다.

설령, 상대방이 오해를 했다고 하더라도, 그것을 면전에서 굳이 풀려고 하기보다는 불요불급한 것이 아니라면 시간을 두고 오해를 풀도록 했을 때 그 사람에 대한 신뢰가 더 깊어질 것이다.

"그건 제 잘못입니다."
"제가 실수했습니다."
"제가 잊어버렸습니다. 다음부터 주의하겠습니다."
라는 솔직한 고백이 뒤로 돌아서서는 훨씬 더 멋있어 보인다.

중요한 것은, 언제 어디서든, 누가 보든 안보든 내 할 일 한다 하는 자세와, 확대하거나, 과장하거나, 속이거나 감추려 하지 않고, 투명하게 행동하겠다고 하는 자세와 다짐이 떳떳하고 당당하게 행동하는 출발점일 것이다.

스스로에게 떳떳하고 당당한 것!

그것이 멋이다.

## 5. 젊은 군 간부들아! 군 생활을 즐겨라

세상은 넓고 인생은 즐거운 것이다.
즐겁게 살려고 노력해야 한다.
꼭 돈이 많아야 즐겁게 살 수 있고 즐길 수 있는 것인가?
내가 지금 어떤 환경이든, 어느 정도 수준이든 자기 일에 만족하면서 산다면 가능 한 범위 내에서 즐길 줄 알아야 한다.
즐기면서 산다는 것이 무엇인가. 뭐 별건가?
남들이 다 하는 거, 내가 할 수 있는 모든 걸 다 해보는 거 아니겠는가?
각종 운동, 축구, 농구, 테니스, 수영 등을 취미생활로 주기적으로 하면서 땀을 흘리고,
시간과 돈이 더 있으면 골프도 치고,

또, 겨울이면 스키도 즐기고,
여름이면 해수욕도 즐기고,
봄, 가을이면 등산이나 여행도 즐기고,
더 능력 있으면 국내여행 뿐 만 아니라, 유럽, 미국, 남미, 아프리카 등 해외여행도 하고,
또, 자기가 좋아하는 각종 취미생활도 하고,
등등…
자기 본업 이외에 여러 가지 여유활동을 하면서 사는 게 인생을 즐기는 게 아닐까?

그런데, 통상 군 장교 또는 부사관 등 군 간부들은 군인이기 때문에 즐길 수 없다고 생각하고 제한된 범위 안에서 포기하고 사는 것처럼 보이는 경우가 많다.
특히, BOQ에 있는 젊은 군 간부들을 보면 참으로 답답할 때가 많다.
군인이기 때문에 항상 바쁘다? 힘든다.
군 간부이기 때문에 항상 병사들과 낮이나, 밤이나 같이 해야 한다.
군인이기 때문에 위수지역이 있어서 여행 등 멀리 움직일 수 없다.
군인이기 때문에 돈이 없어서 즐길 꺼리가 없다.
뭐 그런 생각 때문인지 통상 저녁 늦게 퇴근해서 BOQ에서 잠이나 자든가, TV나 보든가 모여서 술이나

먹으면서 그것도 늦게 잠을 자서 아침에 피곤해 보이는 경우가 많다.

또, 휴일에는 거의 12시까지 잠이나 자고 일어나서 겨우 아점(?) 먹고 꽤재재하게 해서 낮 TV나 보다가 오후 늦게 몇 명이 어울려서 가까운 지역에 저녁 먹으러 간답시고 밤늦게까지 술이나 먹는 경우가 많아 보인다.

이 얼마나 답답한 일인가?
자기의 미래를 위해서 공부를 한다든가, 취미생활을 하면서 생활을 즐길 줄 안다든가 하는 멋을 좀처럼 찾아 보기가 힘든다.
만일 이렇게 산다면 정말 바보들 아닌가 말이다.
젊은 군 간부들이라면 장교든, 부사관이든 자기의 미래를 위해 자기의 발전을 위해 목표를 가지고 노력할 줄 알아야 한다.
그러나 그런 노력은 그렇다 치고, 자기 생활을 자기 삶을 즐길 줄은 알아야 한다.
그렇다면, 젊은 군 간부들은 무엇을 어떻게 즐기면서 살아야 할까?
무엇보다 중요한 것은 자기가 군인이라는 사실 자체를 인정하고 자기 일을 즐거운 맘으로 하는 것이 우선 중요할 것이다.

그런 다음에 개인 생활에 있어서 다음 몇 가지를 주장하고자 한다.

### 첫째, 운동을 즐겨라.

일반 사회생활인의 경우에 직장생활하면서 축구, 배구, 농구, 테니스, 탁구, 야구, 수영 등을 그리 쉽게 할 수 있는 여건이 되겠는가?

그걸 하려면 몇 일 전부터 날짜 잡고 연락해서 장소 물색해서 맘 먹고 해야 할 것이다.

그러나 군대만큼 운동하기 좋은 여건을 가진 곳도 없다.

연병장 넓지, 모이기 좋지, 만만한 운동종목도 많지, 부대에서 체육대회 자주하지, 운동에 관한 한 무엇이 아쉬운가?

그런데도 의외로 축구, 배구, 농구, 테니스 등 운동을 못하는 젊은 군 간부들이 많다.

굳이 군인이 아니더라도 남자라면 기본적인 운동종목은 선수수준은 아니더라도 어디가도 한 가락 할 수 있는 정도는 돼야 하는 거 아닌가?

자신이 쪼끔만 부지런하면 평일, 토요일, 일요일에 얼마든지 운동을 즐길 수 있지 않는가?

세상에 사람들끼리 모여서 스포츠만큼 재밌는게 어디 있는가?

젊은 군 간부들아!
 일반 사회의 여건과 비교해 볼 때도 군대만큼 운동을 즐기기 좋은 곳도 없다. 스포츠를 즐겨라. 가능한 한 다양하게…

**둘째, 여행을 즐겨라.**
 군인은 여행 못하나? 돈이 없어서? 위수지역을 못 벗어나서? 시간이 없어서?
 군인만큼, 군 간부만큼 휴일과 휴가를 많이 활용할 수 있는 직업도 드물다.
 1년에 20일씩 휴가 보장되지, 거기다가 2개월에 3일씩 외박 가능하지, 더 이상 무엇이 아쉬운가?
 일반 사회 직장인들 중에서 이렇게 많은 휴가, 외박을 할 수 있는 곳이 얼마나 될까? 이 바쁜 세상에…
 그런데도 젊은 청년 군 간부들은 여행을 할 줄 모른다.
 두 명, 세 명 모여서 여름이면 바닷가로 해수욕도 하고,
 가을이면 설악산 지리산도 가고,
 겨울이면 스키도 타러 가고… 누가 말리나.
 굳이, 외박 때 두 명, 세 명 어울리기 어려우면 토요일, 일요일 이틀이면 무엇인들 못하고, 어딘들 못가겠나?

지휘관에게 정상적으로 보고하고 규정과 절차만 지킨다면 특수직위에 있는 간부를 제외한다면 어느 지휘관이 승인하지 않겠는가? 해외여행인들 못하겠는가?

특별히 임무와 업무에 지장이 없는 기간에 일정기간 휴가를 내고 정상적인 절차에 의해 승인만 득한다면 왜 못하는가?

과거와 같은 폐쇄적이고 옹색한 고정관념은 버리자.

주어진 임무와 업무에 충실하되 눈을 멀리 보고 가슴을 펴고 세상을 넓게 살자.

토요일, 일요일에 빈둥거린다거나, 술이나 먹으면서 별로 의미도 없는 회식이나 하면서 소일하는 것 보다 얼마나 즐거운 일인가.

젊은 청년 군 간부들아!

여행을 즐겨라.

**셋째, 자연을 즐겨라.**

도시의 답답한 빌딩 숲보다 높고 낮은 산과 푸른 들판이 얼마나 보기 좋은가?

도시의 찌든 오염속의 공기보다 넓은 대자연속에서의 맑은 공기가 얼마나 건강에도 좋은가?

계곡 찾아 물 찾아 12시간을 차를 몰고 가는 도시 생활보다 언제나 계곡과 물이 옆에 있는 부대생활이 얼마나 낭만적인가?

훈련하면서도 부대에 앉아서도 즐길 수 있는 느낄 수 있는 대자연 아닌가?
젊은 청년 군 간부들아!
대자연을 맘껏 호흡하라.
군 생활을 즐기면서 노력하라.
즐겁게 군 생활 하라.

## 6.
# 전역하는 젊은이여! 야심을 가져라

"필승, 신고합니다. 병장 ○○○는 2006년 ○월 ○일 부로 전역을 명 받았습니다. 이에 신고합니다. 필승."

어설픈 이등병으로 입대해서 2년 동안의 군복무를 마치고 병장으로 전역하는 일은 정말 축하할 일이다.

아니, 축하할 일 정도가 아니라, 그 어떤 일 보다도 영광스러운 일일뿐 만 아니라, 자기 인생에 있어서 가장 큰 성공이라 해도 과언이 아닐 것이다.

왜냐하면, 국방의 의무를 다했다는 원론적인 자부심은 차치하고라도, 층층시하, 옥상옥의 계급조직 속에서 온갖 갈등과 희노애락을 이겨내며 사람 속에 적응하는 법을 배웠고,

25Kg짜리 군장을 매고 철야행군을 하면서 야속한 전

투화속에 부르튼 발바닥을 원망하면서도 서로를 격려하는 전우애를 배웠으며,

 5일 동안 잠을 10시간도 채 못자면서 밤을 낮과 같이 산악을 평지같이 훈련하면서 목적을 위해 참고 이겨내는 법을 배웠기 때문이다.

 또한, 매일 06:00면 더 자고 싶어도 잘 수 없고, 휴가복귀는 단 5분만 늦어도 완전군장을 각오해야 하는 엄격한 군기 속에서 조직의 질서와 규정을 몸으로 익혔으며,

 일요일을 제외하고는 하루도 빠짐없이 힘찬 군가와 함께 구보를 하면서 다져진 건강한 체력을 만들었기 때문이다.

 **한 마디로 산전수전 다 겪으면서 큰 산맥을 넘어 대평원을 넘어왔다.**
 그래서 전역하는 병장들은 입대할 때의 그 어설픈 모습 대신에 불과 2년 만에 노숙한 남자의 모습으로 바뀌어져 있다.

 무엇이 바뀌었는가?
 어떻게 달라졌는가?
 무엇을 배웠는가?

**첫째, 사람을 대하는 법을 배웠다.**

쟁쟁하고 억센 선임병들과 기라성같은 후임병들과 24시간 같이 먹고, 같이 뛰고 같이 자면서 어울리는 것을 배웠다.

선임병들을 무서워하면서 칼같은 군대예절을 몸에 익혔으며,

선임병들의 눈물나는 전우애를 받으면서, 감동을 받으면서 존경하는 것을 배웠고,

때로는 선임병의 횡포 속에 억울함과 원망도 느껴보면서 나는 저렇게 하지 않겠다는 오(誤)시범도 느껴보지 않았는가?

그 많은 후임병들을 보면서 칭찬도 해 주어 보았고,

뺀질뺀질하고 눈치만 보는 후임병들을 보면서 떳떳하게 행동하라고 엄한 질책과 조언도 해 보면서 하급자를 지도하는 방법도 배우지 않았는가?

그러한 경험들 속에서 하급자로서의 '나 자신'의 모습과 상급자로서의 '나 자신'의 모습을 느껴보지 않았는가?

때로는 감동을, 때로는 존경심을, 때로는 원망을, 때로는 분노를, 때로는 눈물도 경험해 보지 않았는가?

녹색견장을 차고 분대장을 하면서 상관에 대한 지휘주목과 부하들에 대한 책임, 그리고 임무에 대한 사명감을 느끼면서 깊이 고민해 보지 않았는가?

사람과 사람 사이에서 있을 수 있는 모든 경우의 수

들을 다 경험하면서 배웠다.

 이제 어른으로서 사회로 나가면서 어디에서 어떤 사람들을 만나든 손가락질 받는 사람이 아니라 칭찬받고 인정받는 사람이 될 준비가 되어있지 않은가?

 **둘째, '자기관리'하는 방법을 배웠다. 특히, '시간관리'를…**
 매일 아침 6시면 어김없이 일어났다. 게으른 잠보도 군 생활을 통해 규칙적으로 생활하는 방법을 체험으로 배웠다.

 하루 일정한 시간에 뛰기 싫어도 구보를 하면서 규칙적으로 운동을 하였고,

 일정한 시간에 규칙적으로 식사를 하면서 자기 건강을 관리하였고,

 졸려도 참으면서 주어진 임무를 수행하였고,

 힘들어도 참으면서 부여된 목표를 달성하는 것을 배워왔으며,

 심지어는 휴일에도 일정한 시간표대로 시간을 알차게 계획성 있게 사용하는 법을 배웠다.

 아무 계획도 없이 닥치는 대로 기분대로 생활하지 않았으며, 아무 것도 하지 않고 하루 종일 TV만 쳐다보는 바보로 생활하지 않았다.

 어떤 목표를 가지고 그 목표를 달성하기 위한 계획을 세워서 시간을 효율적으로 사용하는 것을 몸으로

배운 것이다.
 이제 어른으로서 이 사회에 나가서 나의 목표와 계획을 가지고 나의 시간을 제대로 사용하지 않겠는가?

 **셋째, 평생보험으로서의 '체력'을 단련하였고 단련하는 법을 배웠다.**
 특히, 우리 수색대대 용사들은 매일 8Km를 뛰면서 체력과 폐활량을 키웠으며,
 무거운 군장을 메고 100Km 산악행군을 하였고,
 축구, 족구, 농구, 야구, 탁구, 태권도, 특공무술, 단전호흡, 그리고 육체미 등을 통해 돌이라도 씹어 먹을 수 있을 것 같은 체력과 자신감을 키웠다.
 이제 어른으로서 이 사회에 나가서 무엇을 못하겠는가?

 자! 이제 더 이상 무엇이 두려우랴!
 전역하는 병사들아!
 군대에서의 전쟁준비는 끝났다.
 가슴 뿌듯한 자부심을 안고 사회라는 전쟁터로 자신있게 나가라.
 너희가 이루지 못할 일이 그 무엇이랴!
 야심을 가져라.
 자신감을 가져라.
 그리고 도전하라.

# 7.
# 군대는 전쟁을 준비하는 곳이지만 사회는 전쟁터다

통상 이야기하기를,
"군대는 통제된 곳이며, 사회는 자유로운 곳"이라고 얘기한다.
"군대는 고생하는 곳이며, 사회는 편안한 곳"이라고 얘기한다.
"군대는 원시적인 곳이며, 사회는 발전된 곳"이라고 얘기한다.
물론, 전혀 틀린 말은 아니다.
군대는 하나의 목표를 지향하는 곳이며, 사회는 다양한 목표를 지향하는 곳이기 때문이다.
또한, 군대는 명령과 복종이 존재해야 하는 곳이며, 도시로부터 이격된 지역에 자리잡고 있기 때문이다.
그래서 통상 군에 입대하는 병사들은 울면서 힘들게

군에 들어온다.
 그러나, 이것은 너무나 단순한 이분법적인 논리이다.

> 군대는,
> 울면서 들어 왔다가 웃으면서 나가는 곳이며,
> 남자가 들어 왔다가 '사나이'가 되어서 나가는 곳이며,
> 부모 손잡고 들어 왔다가 '홀로 서서' 나가는 곳이다.
> 군대는,
> 애들을 어른으로 만드는 '수련장'이며,
> 한 남자를 가정으로부터 사회로 연결시켜주는 '교량'이며,
> 사회를 자유롭고 편안하게 만들어 주는 '울타리'이다.

 그 누가 군대를 사회와 이분법적으로 보는가?
 군대에 와 있는 모든 병사들이 곧 이 사회의 기둥이 될 사람들이요, 장차 이 사회의 간성들이다.
 군대에서 이 사회를, 이 나라를 지키다가 사회로 복귀해서 이 나라를 이끌어 갈 사람들이다.
 그 중에서 이 나라 대통령이 나오고, 이 나라 국회의원이 나오며, 기업체 사장이 나오고, 의사가 나오는 것이 아닌가?

군대는 젊은이들을 교육시키고 인간을 만드는 수련장이다.
위아래 사람과 사람을 대하는 방법을 가르치고,
역경과 시련을 이겨내고,
자신을 관리할 줄 아는 방법을 가르치며,
평생보험이 되는 체력을 단련시키는 수련장인 것이다.

군대는 병사들에 관한 한 생존경쟁이 없다.
강한 녀석은 강한 대로, 약한 녀석은 약한 대로,
똑똑한 녀석은 똑똑한 대로, 우둔한 녀석은 우둔한 대로,
예의바른 녀석은 예의바른 대로, 무례한 녀석은 무례한 대로,
똑같이 가르치고 교육시켜 전부 다 강하고, 똑똑하고, 예의바른 사람으로 키운다.

그러나, 사회는 생존경쟁이 존재한다.
능력있는 사람은 성공하고, 능력없는 사람은 그 만큼 덜 성공한다.
강한 사람은 살아남고, 약한 사람은 도태된다.
조직에 기여하는 사람은 승진하고, 그렇지 않은 사람은 방출된다.
지금 이 사회는 경제적인 어려움에 직면해 있다.

'이태백'(20대 태반이 백수), '사오정'(45세이면 직장에서의 정년), '삼팔선'(38세이면 다른 직장을 선택해야 하는)이라는 말이 유행어가 되어있다.

군대는 병사들에 관한 한 관대하다.
좀 능력이 없고, 실수를 해도 도태되지 않는다.
그 사람을 유능한 사람, 무능한 사람으로 평가하지 않는다.
잘못을 저질러도 기합만 좀 받고 용서된다.
그 사람을 좋은 사람, 나쁜 사람으로 매도하지 않는다.
그러나, 사회는 냉정하다.
조직체내에서 실적에 따라서 연봉이 틀려진다.
유능한 사람, 무능한 사람이 분류된다.
사사로운 실수와 잘못이 기합으로 용서되지 않는다.
바로 실적으로 귀결되고, 승진과 퇴직으로 분리된다.

그 대신,
군대는 병사들에 관한 한 단순하다.
오직 국가에 충성, 명령에 복종만이 존재할 뿐이다.
오직 조국에 봉사, 조직에 헌신만이 존재할 뿐이다.
오직 훈련과 임무만이 존재할 뿐이다.

그러나, 사회는 넓고 할 일도 많다.

노력하는 만큼 유능해 지고, 유능해 지는 만큼 성공한다.

투자하는 만큼 성공하고, 성공하는 만큼 즐기면서 산다.

전역하는 병사들아!
세상은 넓고 할 일은 많다.
군대는 전쟁을 준비하는 곳이지만, 사회는 전쟁터다.
너희는 전쟁준비가 완료되었다.
자신감을 가져라.
야망을 가져라.
꿈을 가져라.
이제 무엇이 두려운가.
나가라.
싸워 이겨라.
세상은 즐거운 곳이다.
이기는 사람만이 즐기면서 살 수 있다.
군대에서 배운 실력을 유감없이 발휘하라.

# 3. 달라진 병영문화

☞ 1. 터져버린 내무부조리
　　2. 병영문화 혁신을 위하여
　　3. 어? 대대장님이 식기 닦네
　　4. 간부 정신혁명의 정착

## 1. 터져버린 내무부조리

야외에서 동계 혹한기 훈련을 하던 2월 어느 날,
휴가를 갔던 병사 한 명이 부대에 복귀하지 않은 휴가미귀 사건이 발생했다.
오늘 20:00시 까지 복귀해야 할 병사가 군복도 집에 그대로 둔 채로 메모를 남기고 가출했다는 사실이 16:00경 확인된 것이다.
 즉시 헌병대 신고, 헌병이 인천으로 급파, 그날 밤 01:00경 인천시내 모 사우나장에서 잡았다. 역시, 헌병이다.
대대장 부임한지 거의 1년 만에 생긴 첫 사고였다. 큰 사고는 아니지만…
헌병대에서 조사결과, 처음에는 순수하게 마음 돌아선 애인 때문에 가출하여 부대에 복귀하지 않은 것으로 전파되었다.
 근데, 이게 웬 일인가?
 심각한 내무부조리가 확인되고 있다고 훈련 중에 병사들이 한 두명씩 줄줄이 헌병대로 호출되고 있는 것이 아닌가.
 결국, 대대와 동떨어져 있던 1개 중대에서 구타 및 내무부조리 사건이 확인되었다.
 2명 구속, 2명 영창, 소대장, 중대장 줄줄이 징계.
 이게 웬 일인가?
 통상 대대장 재임기간 중에 탈영이나 휴가미귀 사고는 한 두번씩 경험한다고들 한다.
 나는 이를 예방하기 위해 무던히도 노력했다고 생각했다.
 작년 3월 부임 이후, 거의 1년 동안 DMZ내에서 실탄과 수류탄을 늘 휴대해서 작전을 하면서도 아무런 사고도 없이 임무를 수행해 왔기 때문에 나는 내심 부대를 완전히 장악하고 있다고 생각하고 있을 때였다.
 "착각하고 있었구나."
 예방하기 위해 그렇게 노력했던 사건이 결국 발생하고 만 것이다.

 조사결과를 보니 가관이다.
 병사들간에 군기가 '세다'는 과거 수색대대의 전형적

인 소위 '군기 있는' 전통이 아직도 일부 남아 있었던 것이다.

  초소 근무간에 후임병에 대한 간헐적인 손찌검,
  병장 이상만 식탁에서 양팔을 올리고 식사가 가능하고,
  병장 이상만 간부들 없을 때 내무실에서 누울 수 있으며,
  병장 밑으로는 점호시간에 웃지도 말하지도 못하고,
  상병 5호봉 이상만 내무실 휴식시에 관물대 기대어 발을 뻗을 수 있고,
  상병 5호봉 이상만 내무실에서 독서를 할 수 있으며,
  상병 이상은 전투화를 신은 채 닦을 수 있으나, 일, 이등병은 전투화를 벗고 바닥에 대고 닦아야 하며,
  일, 이등병은 담배 피울 때도 차렷자세로 피워야 하며,
  일, 이등병은 내무실에서 손톱, 발톱을 깎을 수 없으며,
  일, 이등병만 등화관제, 취침소등 등 잡일을 다 해야 하고…

  그야말로 병 상호간에 계급에 따라 행동을 제약하는 구시대적 유물, 소위 '군기가 센' 부대라고, 아직도 그

대로 남아 있는 것이 아닌가. 시대가 어느 시댄데…
  병영내에서 구타가 완전히 근절된 지가 벌써 10년이 넘었다고 인식되고 있는 시댄데…

  그렇게 여러 차례 교육을 하고, 그렇게 여러 차례 설문조사를 하고, 부대진단을 하면서도 발견되지 않은 이유가 뭘까?
  조사결과, 수색대대이기 때문에 이 정도는 당연한 것으로 알고 있었다는 것이 대부분의 병사들의 대답이었다.
  참으로 한심한 일 아닌가?
  지휘관으로서 그것도 모르고 있었다니…
  지금의 군대는 참으로 많이 변했다.
  군대도 변했지만 지금의 신세대 병사들의 인식과 수준도 훨씬 높아지지 않았는가? 지금 간부들의 인식수준도 월등히 높아지지 않았는가?

  과거를 돌이켜 보면,
  나도 80년대 중반, 소위로서 청운의 꿈을 안고 전방 소대장으로 부임하였지만 임무를 시작하기도 전에 선배 소대장들로부터 '신고식'이라는 명분으로 술집으로 불려가 못 먹는 술을 세숫대야로 먹도록 강요받았다가 결국 술상 위에 엎어버리고 '깽판' 쳐버린 기억도 있다.

 소대장 시절, '구타 금지'를 강조하는 상급부대 지시 공문을 소대원들에게 보여주고 전 소대원을 엎드려 뻗쳐 놓고 소위 '빠따'를 친 적도 있다.
 또, 중대장 시절에는 소대장에게 달려드는 모 병장을 참다못해 이단 옆차기로 날렸다가 의무대로 실려가는 바람에 연대장님께 보고되어 징계처분으로 일주일 동안 중대장 임무수행을 정지당하고 연대장실에서 근신한 적이 있다.
 그 시절만 해도, 병영내 구타와 가혹행위가 만연돼 있었지만 그래도 그 때부터 구타 및 가혹행위를 없애기 위해 많은 노력을 해왔다.
 그 결과 2000년대인 지금에 와서는 상당한 발전과 변화를 경험하고 있는 중이다.

 그런데 왜, 아직도 이런 일 들이 남아 있는가?
 군대라는 조직이 존재하는 한 이러한 어느 정도의 구타와 내무부조리는 존재할 수 밖에 없는 것인가?
 무엇보다 중요한 건 지휘관과 간부들의 노력이다. 어떠하든 부대내 작은 일이라도 좋지 않은 일이 발생하면 그것은 일단 지휘관의 책임이라고 할 수 밖에 없다.

왜냐하면, 지휘관의 더 많은 관심과 노력으로 이를 예방해야 하기 때문이다.

그러나, 굳이 그 원인을 나름대로 분석해 보자면, 거창하게 봤을 때, 환경적인 요인도 무시할 수 없다.

아무리 교육을 잘하고 노력을 많이 한다 해도 열악한 생활여건의 제한에서 오는 근본적인 문제가 있는 것이다.

우리 군은 국가경제의 제한으로 지금까지 50년을 병사들은 내무실 생활이란 것을 한다. 즉, 20평 남짓한 작은 내무실이라는 공간에서 30명 내지는 40명이 낮이나, 밤이나 얼굴을 보면서 밀집해서 생활하고 있다.

거기에는 사생활의 비밀도, 나만의 편안한 휴식도 있을 수가 없다.

좁은 공간에 층층시하 계급이 존재한다. 또한, 엄격한 군기가 존재한다.

따라서, 그 좁고 밀집된 공간내에서 계급간의 행동규칙이 어쩌면 불가피한 것인지도 모른다.

미군들처럼, 또는 한국 장교들 BOQ처럼 병사들도 두 명 내지 세 명 단위로 분리된 내무생활을 한다면, 그와 같은 계급간의 행동을 제약하는 내무부조리가 있을 수 있겠는가? 아마도 자연히 소멸되고 인간적인 모습이 될 것이다.

다행히도, 최근에 우리 한국경제의 발전에 힘입어 최전방 지역부터 '소대단위 침상형 내무실'에서 '분대단위 침대형 내무실'로 바뀌기 시작했다. 이제야…

그러나 지금이라도 이 얼마나 다행이고 고마운 일인가? 아마도 이제는 3,40명이 밀집된 내무실 생활보다는 분명히 그 생활방식이 달라질 것이고, 분명히 내무부조리가 거의 자연스럽게 소멸될 수 있을 것이다.

그 국방예산이 뭔지… 이제야…

뿐만 아니다.

병사들의 내무생활에서 오는 소위 '군기 있는' 내무부조리 현상에는 '한국의 양반문화'도 한 몫 한다.

높은 사람은 '에헴' 하고, 낮은 사람은 그 앞에서 깍듯해야 하고, 높은 사람은 일을 덜하고, 궂은 일은 아랫사람이 다 하고… 이것이 우리의 양반문화 아닌가.

이러한 문화가 우리 젊은 사람에게도 알게 모르게 영향을 미치고 있는 건 아닐까? 병사, 간부 다 마찬가지다.

그러면, 이제 어떻게 할 것인가?

내무실의 환경은 '돈'과 관련된 것이니 어쩔 수 없는 일이고 시간을 기다릴 수 밖에 없는 일이다.

그러면, 우리네 병영문화를 바꿀 수 밖에 없는 거 아닌가?

우리의 인식을 바꾸는 노력을 해봐야 하는 거 아닌가?

너무 거창한가? 거창해도 할 수 없다. 인식을 바꾸고, 문화를 바꾸는 노력을 해야 한다.

그래서, 나는 추진했다. **『병영문화 혁신』**을…

# 2. 병영문화 혁신을 위하여

　앞에서 언급한, 2월 달에 있었던 대대내 구타 및 내무부조리 사건조사가 끝나자 마자, 이러한 내무부조리를 근절하기 위해 대대 자체적으로 『병영문화혁신』을 3월부터 시작했다.
　우리 육군은 지난 30년간 꾸준히 부대내 구타 및 가혹행위를 근절하기 위해 노력해 왔다.
　지금도 육군참모총장의 의지와 노력으로 『병영생활 행동강령』이라는 4개 실천항을 전 육군이 시행중이다.
　그 결과, 지금 이 시대에는 전 육군이 구타라는 것은 거의 자취를 감추게 되었다. 과거 내가 소대장, 중대장 임무를 수행할 때와 지금의 군대는 더 이상 변화할 수 있을까라는 의문이 들 정도의 변화를 보이고 있다.
　그러나, 그러한 구타 또는 가혹행위라는 『행위』는

거의 근절되었다고 하더라도, 아직도 단체 내무생활에서 오는 악습과 부조리는 병영저변에 여전히 잔존하고 있었던 것이다. 적어도 소위 '군기'가 세다고 하는 우리 수색대대는 그러했다.

그래서 나는 이제는 『행위의 근절』이 아니라, 『문화의 개선』이 절대적으로 필요하다고 생각했다. 이번 대대에서 드러난 내무부조리 사건은 대대를 뜯어 고칠 결정적인 찬스이자 더 큰 사고를 미리 막을 수 있는 좋은 계기라고 생각했다.

몇 가지 작전(?)을 짰다.

첫째, 문화를 개선하기 위해서는 '위로부터의 혁명'이 아니라, '아래로 부터의 자발적인 혁명'이 되도록 해야겠다.

둘째는, 대대 전 요원이 잘못된 현실을 인정하고, 반성하고, 변화할 수 있는 진정한 약속을 받아내야 되겠다.

셋째는, 이제는 '이거 하지마라', '저거 하지마라' 가지고는 안된다. '이걸 이렇게 하자', '저건 저렇게 하자' 라고 구체적으로 제시하여 참모총장님이 제시한 병영생활 행동강령의 세부 실천지침으로 승화시켜야 되겠다.

넷째는, 이러한 문화의 개선은 병사들만의 문제가

아니다. 먼저, 간부들부터 동참하고 모범을 보이도록 해야겠다.

다섯째는, 이것을 대대적인 운동으로 지속성을 갖도록 하기 위해 뭔가 거창한 이름을 붙여야 되겠다 라는 작전이다.

대개의 경우 대대장이 뭔가 지시를 할 때 하루 이틀 정도 구상하고 지시문을 만들어서 예하 중대로 내리면 시행이다.

그러나, 이번의 경우 이를 준비하는 데에만 3주가 걸렸다.

우선, **1단계로**, 내가 추진하고자 하는 이 운동을 오랜 고민 끝에 『병영문화혁신』이라는 이름을 붙이고, 각 중대를 순회하여 특별교육을 하면서 세 가지 약속을 받아냈다.

첫째, 조사결과 드러난 내무부조리 현상을 솔직하게 인정하겠는가?

둘째, 그러면, 그것이 잘 못된 것이라고 반성하는가?

셋째, 그러면, 대대장에 의해서가 아닌, 우리 스스로 개선안을 만들어서 이를 실천할 수 있겠는가?

하는 약속이다.

그 다음 **2단계로,** 병사들에 의한 백지전술을 시작했다. 각 중대별로…

헌병대 조사결과 나타난 25개의 내무부조리 현상을 토대로, 현재 각 소대별로 그 외에도 숨어있는 내무부조리를 자발적으로 모두 도출하고, 각 항목마다 그것을 어떻게 개선하는 것이 좋을 지 '항목별 새로운 행동양상'을 스스로 만들도록 했다.

토의방법은
　1차는 계급별로,
　2차는 분대별로,
　3차는 소대별로,
　4차는 중대장이 분대장들과 함께…
대대에서 종합해 본 결과, 총 54개항이 도출되었다.

대대장으로서 나는 이틀 밤을 거의 새우다시피 하면서 이 54개항을 분류하고 검토하기 시작했다.

내무부조리의 유형은,
　아침 기상 및 취침시,
　세면 및 샤워시,
　식사 및 PX 이용시,
　내무생활간,
　청소 및 작업시,
　경례관련,
　복장관련,

암기사항강요,
기타 등 총 9개 유형으로…
그 수준과 방법은
악습은 금지하고,
부조리는 개선하고,
관행은 이해해주는 수준으로…

검토 결과 총 54개항 중에서 6개항은 크게 의미가 없다고 판단하고 총 48개항으로 분류하고 이 48개항에 대한 각각의 개선안을 종합하여 『병영문화혁신 48개 세부실천사항』을 만들었다.

다음 **3단계로**, 이를 다시 각 중대로 배부하여 병사들에 의한 '공청회'를 개최하여 병사들이 스스로 검토 수정하도록 했다. 뭔가 거꾸로 됐다.

그 결과, 병사들이 스스로 도출하여 만들고, 대대장이 분류하여 의견을 제시하고, 병사들이 스스로 검토한 최종안이 확정된 것이다.

다음 **4단계로**, 이제 이를 병사들 스스로 보기좋게 만들어서 내무실에 부착하도록 했다. 각 내무실별로 제목을 마음대로 창의적으로 붙여서…

어떤 내무실은 합판위에 크게 만들고, "야! 우리가 이렇게 살았나?"라는 제목과 함께,

또, 어떤 내무실은 "21C 신병영문화"라는 제목과 함께,

또, 어떤 내무실은 "이제는 진짜 바꾸자"라는 제목과 함께,

또, 어떤 내무실은 "사나이의 약속"이라는 제목과 함께…

이제 실천할 준비가 되었다.

마지막 **5단계로**, 실천과 지속적인 중간평가이다.

만들기는 쉽지만 이를 지속적으로 추진하는 것은 그리 간단한 문제가 아니다. 복합적인 조치와 이와 관련되는 노력, 간부들의 솔선, 병사들의 인식의 변화를 위한 인성교육, 지속적인 평가, 지휘관의 의지 등이 수반되어야 한다. 그 중 가장 중요한 것이 지휘관의 의지이며, 지휘관의 솔선이다.

우선, 대대 영내에 『병영문화혁신 실천』이라는 플래카드를 내걸고 모든 병사 및 간부들이 매일 볼 수 있도록 하고,

처음 두 달 동안은 각 소대별로 소대장 및 부소대장이 주 1회씩 해당 소대 내무실에서 동숙하면서 병사생활을 체험하면서 지도하도록 하였으며,

육사 인성교육 프로그램을 도입하여 간부 및 병사들로 하여금 자기 자신과 타인과의 관계를 다시금 느끼

도록 하고,

  분대건제활동을 더욱 더 실천하여 그 동안의 내무실별 위계질서를 점차적으로 분대별 위계질서로 정착되도록 하였으며,

  간부 솔선수범을 실천하기 위해 대대장부터 전 간부가 자기 식기를 자기가 닦도록 하였으며,

  또한, 매일 저녁점호 시간마다 일직사관 주관으로 그리고 분대별로 48개항에 대해 1일 1개 과제씩 실천여부를 토의하도록 하였다.

  그 결과 대대는 하루하루가 다르게 변모해 가는 모습에 대대장 뿐 만 아니라 병사들 자신도 스스로 놀라울 정도가 되었다.

  모든 병사들의 모습이 날이 갈수록 밝아졌을 뿐 아니라 간부들도 정말 많은 변화를 보이게 되었다.

  3월 8일, 『병영문화혁신 세부실천사항』 시행 개시 이래 50일이 지난 다음 대대에서 실시한 1차 평가 설문조사 결과, 90.2%가 내무부조리가 이제 사라졌다는 데 동의하였으며, 100일이 지난 다음 실시한 2차 대대 설문조사 확인 결과는 97.5%가 완전히 사라졌다는 데 동의하였다.

  중요한 것은 대대 병사 및 간부 모두가 우리 대대는 병영문화에 있어서 어느 부대 이상으로 달라지고 선진

화되어 있다고 믿고 있으며, 스스로 최고의 자부심과 긍지를 느끼고 있다는 사실이다.

그러나, 그 병영문화혁신의 역작용이 일부 나타나고 있다는 사실이다.

첫째는, 선임병들은 현실을 직시하고 배려하고 양보하면서 병영문화혁신에 정착되어 가는 반면, 후임병들은 눈치를 보는 현상과 함께 예의가 희박해 지는 현상이 나타나는 것이다.

둘째는, 분대건제활동을 강조하고 정착되어 가면서 특히 하급자들 사이에서 타 소대에 대한 접촉 및 관계가 점점 소원해 지는 현상이 두드러 진다는 점이다.

셋째는, 외관상으로 나타나는 군인다운 패기와 군대예절이 조금씩 약화되는 현상이 나타나게 되었다는 점이다.

따라서 대대장으로서 이에 대한 보완대책이 필요하게 되었다.

우선, 분대와 소대별로 몸으로 접촉할 기회를 확대하기 위해 작년부터 실시하던 3~4개월 동안 지속되는 분대 및 소대단위 『건제유지 생활화 체육대회』를 더욱 강화하였다.

또한, 수색대대로서의 특징과 자부심 그리고 패기를 강화하기 위해 뒤에서 언급할 『수색대대 7대 전통』을 제시하여 부대 분위기를 더욱 단결되도록 하는 계기를 만들었다.

어떻든 우리 수색대대는 한 번의 구타현상과 내무부조리현상이 나타난 이래 병영문화혁신의 노력으로 완전히 새로운, 그러면서도 가장 자부심과 단결력이 살아 있는 부대로 발전하게 되었다.

이러한 변화의 뒤에는 우리 사단의 어른인 사단장님의 엄청난 노력을 결코 잊을 수 없다.

사단장님의『화합, 단결된 부대육성』과『인간중심의 부대지휘』, 그리고『간부들의 솔선수범』방침아래 사단장님의 솔선과 지극정성으로 모든 간부와 병사들을 대상으로 반복하는 주장과 교육이 그 근간을 이루고 있다.

특히, 각 부대 순회교육 뿐 만 아니라, 분대장 교육대에서 분대장 후보생들을 대상으로 하는『인간중심의 부대지휘』및『눈높이에 맞는 하급자 지도』에 대한 교육은 병사들을 한마디로『감동』으로 달라지게 만들고 있기 때문이다.

이 지면을 빌어서 사단장님의 지휘방침과 솔선 및 헌신적인 노력, 그리고 각 부대 지휘관에 대한 배려에 진심으로 깊은 감사를 드리는 바이다.

## 3. 어? 대대장님이 식기 닦네

존경하는 우리 사단장님께서 부임하자마자 간부의 솔선수범을 강조하면서 대대장도 식사 후 식기를 대대장이 직접 닦도록 권장 했다.

이제는 군대도 변화되어야 하며, 그러기 위해서는 간부가 먼저 바뀌어야 한다는 취지이다.

그러나 아무리 군대가 바뀌어도 그렇지 어떻게 대대장이 병사들 앞에서 식기를 닦는단 말인가?

나를 포함한 모든 대대장들이 의외의 반응이었다.

이미 대대급에 간부식당도 다 없애고 병사들과 같은 식당에서 병식을 하고 있건만 한 걸음 더 나아가 이제는 병사와 똑같이 식기까지 닦으란 얘기다.

참 변해도 많이 변하고 있다.

대부분의 대대장들이 아직 선뜻 실행에 옮기지 못하

고 있었다.

  그러나 그럴수록 사단장님의 주장은 매 교육시 마다 반복해서 시대의 변화와 간부의 변화를 외치면서 대대장들이 하나 둘 실행에 옮기기 시작했다.

  우리 대대는 간부식당 건물이 따로 있었다. 그러나 별도로 취사를 한 것은 아니다. 병사식당이 공간이 좁아 3교대 식사를 하므로 간부들은 별도의 공간을 활용하고 있었던 것이다. 그 간부식당에는 식기를 세척할 수 있는 세척대가 한 사람이 겨우 할 수 있을 정도 밖에 안된다.

  그래서 그 핑계로 실행에 옮기지 않고, 못하고 있었다.

  그러던 중 우리 대대에서 구타와 내무부조리 사건이 생겼고, 그로인해 대대장의 의지로 앞에서 언급한 『병영문화혁신』을 추진하게 되었다.

  이제 대대장으로서 내가 스스로 병영문화혁신을 강력히 추진하면서 간부들의 솔선을 그 어느 때보다 강조하기 시작한 것이다. 모든 것을 대대장이 먼저 솔선하겠다는 의지를 가지고 추진해 왔다.

  간부 솔선의 가장 상징적인 조치가 뭘까?

  역시 그것이었다.

  사단장님께서 그렇게 주장하시던, 즉, 대대장이 직

접 식기를 닦는 것이라는 생각이 들었다. 그 생각이 들자 말자 전 간부들과 상의를 하고 전 간부 동의를 얻어 대대장부터 전 간부들이 식기를 닦기로 했다.

집에서도 잘 하지 않는 설거지를 부대에서 대대장으로서 직접 하기로 한 것이다.

우선, 간부식당을 버리고 병사식당으로 가기엔 공간이 너무도 제한되었기에 간부식당은 그대로 쓰되, 간부식당이라는 간판은 내리기로 하고, 또, 한 사람밖에 사용할 수 없는 식기 세척대를 뜯어고쳐 대여섯 명이 동시에 사용할 수 있도록 개조하고 이 때부터 본격적으로 전 간부와 함께 대대장이 직접 식기를 닦기 시작했다.

마음이 참으로 편안해 지는 것을 느꼈다.

대대장이라는 계급과 권위가 뭐 별건가?

병사들 보는 앞에서 내가 식기를 닦는다고 권위가 무너지고 초라해 지는 건 아니지 않는가?

오히려 더 떳떳한 생각이 들기 시작했다.

이건 대단한 변화이다.

대대장이 식기를 닦다니…

느낌인지 몰라도 병사들의 모습이 더 환해 보였다.

대대장이 추진하는 병영문화혁신을 더 떳떳하게 강조할 수 있게 되었다. 그 영향인가 병영문화혁신은 날로 정착되기 시작했다.

병사들이 대대장에게 보내는 마음의 편지를 보면 스스로 병영문화혁신을 지키고자하는 노력과 다짐, 그리고 변화가 눈에 띄게 보이기 시작했다.
이제 간부들부터 변화하자는 사단장님의 의지를 이해 할 수 있게 되었고 깊이 동의하게 되었다.

얼마의 시간이 지나고 이제 한 걸음 더 나아갔다.
간부식당에서는 어느 부대나 지휘관이 앉아 있으면 간부들은 식당에 들어오면서 정면에 앉아 있는 지휘관을 보고 인사도 하지 않고 그냥 들어오기가 어색하다.
따라서 자연스럽게 지휘관에게 목례 도는 경례를 하고 들어오고 나가게 된다.
우리 대대는 내가 특별히 군대예절을 강조하면서 수색대대는 목례가 없다고 선언했기 때문에 간부식당에서도 언제나 거수경례를 해왔다.
대대 어느 누구도 이것을 이상하게 생각한 사람은 없었다. 늘 그래왔으니까.
그러던 어느 날, 간부들이 식사 후 걸어 나가다가 다시 뒤로 돌아서서 대대장에게 경례를 하고 나가는 것이 얼마나 불편할까 하는 생각이 들었다.
그 순간, 이러한 형식적인 권위도 버리기로 했다.
적어도 식사하러 올 때는 맘 편하게 식사하고 맘 편하게 나가야 되지 않겠는가 하는 생각이 들어 전 간부

들에게 간부식당 출입시에 더 이상 대대장에게 경례를
하지 말고 편하게 출입하도록 지시했다.

    그러나, 간부들이 선뜻 동의하지 않는다.
    실내에 지휘관이 정면에 앉아 있는데 모른 채 하고 출입하기에는 너무도 부자연스러울 것이라는 의견이다. 일리가 있는 얘기다.
    그래서 아예 출입구 정면 안쪽에 있던 대대장의 헤드테이블을 없애도록 했다.
    대대장도 별도의 지정석을 갖지 않고 측면으로 아무데나 아무하고나 편리한대로 앉아서 식사하기로 했다.
    이것도 파격이다.
    지금까지 수색대대가 생긴 이래 처음 있는 일이기 때문이다.
    그래서인지 처음에는 잘 되지 않았다.
    그냥 편하게 출입하라고 그렇게 일러도 부하된 입장에서 그게 자연스럽지 못하기 때문이다. 이것이 정착되는 데에도 한참 걸리고 있다. 지금도…

    그러나, 모든 면에서 다 그렇게 풀어 헤치는 것은 결코 아니다.
    그 외 일상적인, 또는 행사에 있어서는, "군대예절은 칼같이" 지키라는 것이 나의 주장이며, 수색대대의 전통이다.

  중요한 것은 일부 불필요한 곳에서 권위의식을 버리고 대대장이 식기를 닦는다고 해서 지휘관으로서 권위가 떨어지고 분위기가 이완되는 것이 아니라는 것이 나의 경험이다.

  오히려, 대대장의 권위가 더 높아지며, 대대장의 지시가 더욱 힘이 실리고 있다는 점이다.

  "권위의식을 버릴 때 권위가 더 높아진다"는 것을 깨우치고 있는 것이다.

##  간부 정신혁명의 정착

군대가 변하듯이 군 간부들도 정말 많이 변했다.
아니, 군 간부가 변화하면서 군대가 변화한다는 것이 맞겠다.
지금도 육군 참모총장의 의지와 노력으로 『장교 정신혁명』이라는 노력을 전 육군이 시행중이다.
참모총장님이 주장하는 장교 정신혁명은,
첫째, 전투적 사고를 견지하고,
둘째, 도덕성을 확립하며,
셋째, 언행이 일치된 행동으로의 솔선수범
그 세 가지이다.
한 마디로, "오로지 임무에 전념하는 가운데 정신적, 도덕적 용기를 행동으로 실천하는 것"이라고 한다.

그러나, 그런 어려운 얘기 말고, 쉽게 얘기해 보자.
과거에는 부정한 관행, 비합리적인 일들이 많았다.
가장 흔히 발생하고 널리 알려져 있는 것들을 몇 가지만 예를 들어 보면 이런 것이다.

진급할 때가 되면, 상급 지휘관에게 진급청탁 성격의 금전거래나 뇌물이 왕왕 있었다는 것이다.
그러나 나는 이런 일은 한 번도 본 일이 없다.
나도 군 생활을 어언 20년 가까이 했지만 이런 목적으로는 단 10원도 써 본 적이 없기 때문에 아마도 이것은 우리 시대 이전의 얘기일 것이다.

그러나, 주위에서 흔히 경험하는 일이 있다.
부대 전입을 가면 예의상으로도 자기 가족을 데리고 상관 또는 지휘관의 숙소를 방문해야 하는 일이다.
한편으로는, 동방예의지국에서 당연한 일인지도 모른다.
가족들끼리도 얼굴은 알고 지내야 되니까.
근데, 상관의 숙소에 가면 그냥 가는가?
뭐라도 손에 들고 가야 되는 거 아닌가?
그것이 문제다.
뭘 사가야 되나?
얼마 정도 짜리를 사가야 되나?

가족은 옷은 뭘 입어야 되지?
언제 가야 되지?
나는 이것이 제일 힘들고 어려웠다.

또, 명절이나, 상관의 생일이 되면 그냥 있을 수 있나?
무슨 선물을 하지?
사과 한 박스면 될까?
찾아가서 인사해야 되는 거 아니야?
아이그 명절이 차라리 없었으면…
또, 나는 술을 즐기지 않는다.
잘 하지도 못한다.
그래서 술자리가 항상 부담스러웠다.
무조건 돌린다.
건배, 또, 건배…
그것도 모자라서 일명 폭탄주다.
양주 한 잔을 맥주 클라스에 담아서 쭈욱 쉬지 않고 마셔야 한다.
술을 잘 먹는 사람도 꼭지가 간다.
그것도 1차, 2차도 가고…
도대체 뭘 어쩌려고…
술을 잘 먹는 사람이 일도 잘하고 진급도 잘 된다는 논리도 세운다.

그럼 나는 진급을 일찌감치 포기해야 한다.
군생활을 열심히 하려하는 의지를 가지고 있음에도 불구하고…
아직도 기업체 등 일반 사회에서는 이런 일들이 비일비재 하다고 들었다.
뿐만 아니다.
간부는 간부이기 때문에 병사들이 하는 힘든 일은 안해도 되는 분위기도 있었다.
작업은 당연히 병사들이 하는 것이고 간부들은 통상 지시만 하는 분위기였다.
아침 구보도 통상 병사들만 했고, 간부들은 병사들에게 '담배 사와라', '라면 끓여와라', '전투화 닦아라', '우리 집 이사하는데 가서 짐 좀 옮겨라' 등등 간부는 솔선하지 않고, 병사에게 개인 심부름을 시키는 것이 일반화 되었었다.
대대장실에 당번병이 있었던 것은 물론이었다.

그러나, 『장교 정신혁명』에 의해 이러한 모든 것이 싹 사라졌다.
장교 정신혁명 실천사항이, 위에서 언급한 것을 포함해서, 크고 작은 것 40개 항목이나 된다.
업무 이외에 심적인 부담, 심적인 고통이 사라져 버린 것이다. 얼마나 마음이 편한지 모른다. 이제 진짜 나의

**임무와 업무에만 신경쓰면 되게 되었다.**

우리 존경하는 사단장님도 이러한 간부 정신혁명을 철저히 실천하시는 분이다.

사단에 전입 온 참모들, 대대장들, 연대대장들 까지 일체 업무외 인사 목적으로는 사단장님 공관에 출입금지다.

진급을 앞두고 찾아오는 것은 물론 없고, 명절에도 사단장님께서 아래로 하사하시는 선물 외에는 위로 하는 선물은 일체 없다.

어쩌다가 있는 회식자리에도 폭탄주, 의무적으로 잔 돌리기, 돌아가면서 건배 등등이 이제는 추억이 되었다.

자기가 마시고 싶은 만큼 마신다.

2차, 3차는 이제 옛 말이다.

오히려 2차, 3차 배회하면 처벌이다.

나처럼 술을 즐기지 않는 군인도 이제는 희망이 있다.

이제 간부라고 해서 말로 지시만 하는 사람은 설 땅이 없다.

병사들에게 '라면 끓여 와라'라고 잔심부름을 시키는 사람조차도 없다.

오히려 너무 삭막한 세상이 되어가는 게 아닌가 하

는 착각이 들 정도다.

사단장님도 그렇게 하시는데…
아랫물이 자동으로 맑아졌다.
나도 예외가 아니다.
대대장인 내 자신도 이제 내가 먹은 식기는 내가 닦는다.
대대장실에 당번병도 없어졌다. 내 커피는 내가 직접 타서 마신다.
뿐 만 아니다.
대대장 관사에는 일체의 출입이 금지다.
대대장 부임후 나의 관사에 대대 작전장교가 업무상의 목적으로 딱 한 번 방문한 것 외에는 어느 누구도 출입한 적이 없다.
인사 목적으로…
대대장 관사에 방문은 일체 금지다.
또, 대대장은 생일도 없다.
대대장은 생일을 맞아하는 대대의 모든 간부들에게 책을 한 권씩 선물한다.
대대장의 축하의 인사말을 정성껏 써서…
특별히, 대대 주임원사의 생일에는 간부식당에서 생일 케익을 준비해서 전 간부들과 함께 축하노래를 불러 주었다.

그러나, 대대장은 생일이 없다고 선언을 했다.

그럼에도 불구하고 나의 생일 날, 나도 모르는 가운데 대대의 작전장교와 주임원사를 포함한 몇 몇 간부들이 저녁식사 예약을 했다고 퇴근 무렵에 보고를 했다.

그것도 부부동반으로…

미리 얘기하면 거절할까봐 미리 보고도 하지 않았다고…

이미 예약을 해 놓은 거니까 취소하면 손해라고 저녁식사를 한사코 같이 하자는 협박이다.

그러나 나도 고집이 세다.

거의 싸우다 시피 하다가 결국 생일축하 회식자리에 가지 않았다.

미안하지만…

나중에 안 얘기지만 대대장이라는 생일 주인공도 없이 몇 몇 간부들끼리만 식사를 하고 헤어졌단다.

주인없는 생일케익도 나눠 먹으면서…

잘한 일인지, 못한 일인지 나도 잘 모르겠다.

그러나 난 나로 인해 대대 간부들에게 일체의 부담을 주고 싶지 않다.

굳이 장교 정신혁명이 아니더라도…

이제 정말 군이 사회 일부보다도 더 맑고 투명하다

고 확신한다.

  비록 일부 보도에서 군에 대한 좋지 않은 소식이 가끔 전해지기는 하지만 그건 지극히 일부의 일이다.

  대부분의 군은 『장교 정신혁명』을 통해 참모총장님이 주장하시는 것처럼 맑고 깨끗하다.

  그래서 지금과 같은 분위기라면 정말 군생활 할 만하다.

  그래서 대대에서도 대대 간부들에게 맞는 『대대 간부 정신혁명 실천 대대장 지침』을 하달해서 강력하게 실천을 하고 있다.

# 4.

# 부대 단결은 자부심에서

☞ 1. 대대훈과 대대구호
2. 수색대대 7대 전통
3. 호랑이상과 자부심
4. 군복무 평가제
5. 수색 에세이집 발간
6. 3개월 동안의 체육대회
7. 대대장님, 저희 체력이 좋아졌어요
8. 명령 하나에 목숨을 건다

## 1. 대대훈과 대대구호

　병사들을 직접 지휘하는 대대급 부대라면 어느 부대나 아마도 부대훈과 부대구호가 다 있을 것이다.
　부대훈과 부대구호는 그 부대의 얼굴이라 할 수 있으며, 그 부대를 단결시키고 일체화시킬 수 있는 좋은 상징이 될 수 있기 때문이다.
　특히, 부대구호는 병사들이 항상 집합 및 해산할 때 외침으로써 동일체 의식을 느낄 수 있게 된다.
　부대훈과 부대구호는 대체로 그 부대의 임무상의 특징과 지휘관의 성향과 스타일에 따라 정해지기 마련이다. 기존의 부대훈과 구호를 그대로 쓸 수 도 있고, 지휘관에 따라 다시 정해질 수도 있다.

　내가 처음 대대장으로 부임할 당시, 우리 수색대대

의 대대훈은,

『조국은 우리를 믿는다』라는 좋은 부대훈을 가지고 있었고, 대대 병사들이 외치는 대대구호는 없었다.

대대장으로서 나는 이 대대훈이 좋은 의미를 가지고는 있으나, 너무 거창하고 너무 평범하다고 생각했다.

그러나, 부임하자마자 이것을 바꾼다는 것은 바람직한 모습이 아니라는 생각에 부임 1년이 지난 다음에 대대훈과 대대구호를 바꾸었다.

대대훈
**명령 하나에 목숨을 건다**

대대구호
**한 번 물면 놓지말자
밤을 낮과 같이, 산악을 평지같이
특공수색 화이팅!**

수색대대는 사단의 특수부대이다.

평시에도 비무장지대를 담당할 뿐만 아니라, 전시에도 특별한 임무를 수행해야하는 부대이므로 그 어떤 부대보다 더 강인한 정신과 훈련, 엄정한 군기 및 일사분란한 명령체계가 요구되는 부대이다.

따라서, 나는 특별히 부대훈에서부터 강인한 정신과 엄정한 군기를 상징하는 표현을 하고자 했다.

그래서, 『명령 하나에 목숨을 건다』라는 결의에 찬 문구를 부대훈으로 제시한 것이다.

또, 대대구호 역시 대대 임무의 특징과 훈련의 수준, 그리고 병사들의 자부심을 상징할 수 있는 문구를 제시하고자 했다.

대대구호는 대대원들이 사용할 구호이기 때문에 전 대대원을 대상으로 공모하였다. 그러나, 여러 가지 좋은 문구들에도 불구하고 수색대대를 표현하는 데는 부족하다고 판단되어 오래 전부터 구전되어오는 문구를 그대로 사용토록 했다.

『한 번 물면 놓지 말자. 밤을 낮과 같이, 산악을 평지 같이…』

이것이야 말로 수색대대의 임무와 훈련수준을 상징적으로 나타내는 가장 적절한 표현으로 보여지기 때문이다.

우리 대대 전 병사들이 대대장이 제시한 이 부대훈과 전통적으로 내려오는 이 부대구호를 매우 맘에 들어 한다.

대대장에게 마음의 편지를 보낼 때도 이 『명령 하나에 목숨을 건다』는 부대훈의 이 문구를 자주 인용할 뿐

만 아니라, 병력들이 집합, 또는 해산할 때도 『한 번 물면 놓지 말자. 밤을 낮과 같이, 산악을 평지같이, 특공수색 화이팅!』이라는 대대구호를 아주 힘차게, 즐겁게 외치고 있다.

이러한 대대훈과 대대구호를 통해서 우리는 다시 한 번 수색대대 요원이라는 일체감을 느끼고 있는 것이다.

아무리 생각해도 이 대대훈과 대대구호를 제시하기를 잘했다고 확신한다.

## 2.
# 수색대대 『7대 전통』

어느 부대를 막론하고 그 부대의 자부심과 긍지를 가지지 않는 부대가 없다.

그러나 수색대대 만큼 부대의 자부심과 긍지가 강한 부대도 없을 것이다. 사단장의 직할부대이며, 특히, 특수임무를 수행하는 사단장의 오른팔로 인식되기 때문이다.

그래서 수색대대는 부대상징이 되는 별도의 부대마크를 부착한다.

특히, 우리처럼 전방사단의 경우는 DMZ를 담당하는 부대는 부대상징마크 외에도 DMZ 출입자격을 의미하는 민정경찰 마크와 공수마크, 특공마크 등 모자에 까지 병사들은 총 다섯 개의 마크를 부착한다.

수색대대 병사들은 보병부대에서는 전혀 부착하는

것이 없는 이 마크에서부터 수색대대 요원으로서의 자부심과 긍지를 갖게 된다. 심지어는 신병들이 수색대대의 이 마크를 부착하고 싶어서 수색대대를 지원하기도 한다.

그러나, 어디까지나 이 마크들은 겉모양에 불과하다.

이러한 수색대대 요원들을 진정으로 강한 자부심과 긍지를 심어 주고 단결시켜 줄 수 있는 지휘관으로서의 조치가 필요하다.

그 방법에는 강한 훈련, 칼같은 군기, 살 만한 복지 등 여러 가지가 있다.

그러나 그 중 가장 중요하고 우선적인 것이 지휘관이 제시하고 교육하는 지휘방향일 것이다.

그것은 대대급을 기준으로 봤을 때는

첫째, 부대훈,

둘째, 부대구호,

셋째는 부대전통일 것이다.

그래서 나는 앞에서 제시한 대대훈과 대대구호 이외에도 수색대대의 특징을 모아 수색대대의 7대 전통을 제시했다.

그런 전통이 단지 병사들 입을 통해 다양하게 구전

되고 있는 것이 보통이다. 그러나 구전되는 전통은 확대, 축소, 왜곡되는 경우가 대부분이기 때문에 이것을 정형화 할 필요가 있기 때문이다.

이것을 통해 간부나 병사들은 실제로 손에 잡히는 자부심과 긍지를 갖게 되었다.

이걸 외우라고 하지 않아도 병사들은 외우고 다닌다.

최소한 그 중 몇 개 만이라도 떠들고 다닌다.

특히, 대대장에 대한 마음에 편지에서 대대장이 제시한 7대 전통의 일부를 즐겨 쓰는 것을 볼 때 대대장으로서 보람을 느낀다.

## 수색대대 7대 전통

**1. 명령하나에 목숨을 건다.**
 - 임무만 떨어지면 우리는 한다.
 - 수색대대에 실패란 없다.

**2. 임무는 전투프로**
 - DMZ 호랑이는 실수를 하지 않는다.
 - 누가 안 봐도 떳떳하고 당당하게…

## 3. 훈련은 밤을 낮과 같이, 산악을 평지같이
- 밤이 어두운가? 1000고지가 높은가?
- 할 때는 확실하게, 놀 때는 팍 쉬어라.

## 4. 군대예절은 칼같이…
- 상병이 병장한테 복창소리 작은 놈 있는가?
- 병장이 소대장에게 관등성면 안대는 놈 있는가?

## 5. 하급자에게는 형같이…
- 좋은거, 편한거, 맛있는거는 니가 먼저, 힘든거는 내가 먼저…
- 야! 니가 최고다, 이등병도 크게 웃어라.

## 6. 오로지 "필승" 뿐이다.
- "감사합니다", "죄송합니다"라는 말이 필요한가?
- 수색대대에서 목례 하는 놈 있는가?

## 7. 폼에 살고 폼에 죽는다(폼생폼사)
- 목에 기브스하고, 눈에 힘넣고…
- 쾌재재한 놈은 가라.

# 3.
# 호랑이상(像)과 자부심

『대대훈』과 『대대구호』, 그리고 『대대의 7대 전통』 이외에 대대원들에게 좀 더 자부심을 가지게 할 상징적인 방법이 또 없을까?
"그렇지."
"대대의 상징이 호랑이 아닌가?"
"대대 위병소 앞에 호랑이 상(像)을 만들자."

어느 부대나 부대마다의 상징이 있다.
특히, 우리 수색대대는 DMZ를 담당하는 사단의 특수부대로서 부대마크를 부착하고 있다.
그것이 호랑이이다.
근데, 부대 영내 어디에도 부대의 상징인 호랑이가 없다.

"그래, 호랑이 상을 만들자."
근데, 뭘로 어떻게 만들지?
시멘트? 석고? 나무? 돌?
장난이 아닌데?
돈은 얼마나 들까?
누가 만들지? 병사들 중에 그런 선수들이 있을까?
대대에 미대 출신, 또는 미대 재학 중에 있는 전공자들을 찾아보니 없단다.
조각 또는 조형 전문가들이…
그러면, 다른 대대라도 찾아보자.
없단다.
좋다.
그러면, 전공자들이 아니라도 입시를 위해서 학원이라도 다닌 경험이 있는 병사들을 찾아보자.
아마추어 2명이 나왔다.

"해 볼 수 있겠나?"
"그렇게 큰 걸 해 보지는 않았지만 대대장님께서 지도해 주시면 한 번 해 보겠습니다."
"좋다. 한 번 해 보자."
"근데, 뭘로 하지?"
"나무로 골격을 만들어 시멘트를 붙이는 방식으로 하면 되겠습니다."

그러던 어느 날,
공사하는 지역을 지나가다가 큰 스치로폼을 보게 되었다.
길이 1.5m 정도에 높이 1m는 되어 보였다.
옳지, 저걸로 하면 어떨까?
저걸 2개를 붙이면, 2.5~3m 짜리 호랑이를 만들 수 있겠다는 생각이 들었다. OK.

그로부터 딱 2주 걸렸다.
스치로폼이다 보니 조각하기도 좋았다.
매일 대대장이 점검하면서 의견을 제시하고 도와가면서 하루하루 윤곽이 나타나고 변해가는 모습이 대견스러웠다.
"입을 더 크게 벌려라. 어깨, 다리에 근육이 힘이 있어 보여야 한다. 턱을 좀 더 깍아라."
등등등…
드디어, 커다란 호랑이 모습이 그 위용을 드러냈다.
머리를 쳐들고, 입을 크게 벌리고 있는 모습은 포효하는 호랑이의 모습이며, 앞다리를 약간 들고 있는 모습은 금방이라도 땅을 박차고 날아갈 것만 같은 비호의 모습이다.
약 3m 정도 되는 웅장한 규모와 울룩불룩한 근육은 멀리서 볼 때도 마치 진짜 호랑이 같은 생동감을 주기에 충분하다.

　아마추어 병사 둘이서 만들어 낸 큰 작품이다. 아마도 전문가도 그렇게 큰 작품을 그렇게 훌륭하게 만들어 내지는 못하리라.
　그야말로 군인 정신으로 만들었다.
　아마추어가…
　돌로 조각한다면 돈이 1,500만원 이란다.
　스치로폼 하나에 5만원, 하나는 얻고, 페인트 5만원, 총 10만원 밖에 들지 않았다.
　드디어, 위병소 앞에 설치하면서 『DMZ 호랑이』라고 써 놓았다.
　대대의 상징물이기 때문에 대대장으로서는 그 어떤 건물보다도 감회가 깊었다.
　낮이나, 밤이나, 밤에도 밑에서 비추는 은은한 조명과 함께 부대 정문을 지키는 대대의 상징인 『DMZ 호랑이』가 너무도 멋있다.

　대대의 모든 병사들이 다 좋아한다.
　호랑이상 앞에서 기념사진 촬영하느라 손님이 제법 된다.
　그 앞 5번 도로를 지나가는 모든 차량들도 다 한 번씩 눈여겨 보고 지나간다. 그렇게 위험스럽게 쌩쌩 달리던 차들도 그 속도가 줄어들어 부대안전에도 도움이 되는 부가적인 효과까지 얻었다.

 혹자는 밤에 그 앞을 지나가면서 측면에서 은은하게 비추는 조명에 의해 그 호랑이상이 무서워 보이기까지 하단다.

 부대 위병소를 출입할 때마다 볼수록 그 위용이 멋있고 자랑스럽다.

 대대급 부대에서 상징물이 우뚝 서 있는 모습은 보기 드문 광경이다.

 대대의 상징인 호랑이가 대대입구에 우뚝 서 있으면서 대대를 지키고 있는 모습에 모든 병사들은 뿌듯한 자부심과 긍지를 느낀단다.

 이것이 우리 대대의 『상징』이자 『멋』이라고…

# 4. 군복무 평가제

 2년간의 군 생활을 건강하게 마치고 전역하는 병사들의 전역신고를 받고 보내면서 늘 대대장의 마음은 뭔가 허전하고 아쉬움이 남는다.
 제대로 가르쳤는지!
 입대할 때보다 뭔가 달라졌는지!
 군에 대한 좋은 인식과 좋은 추억을 가지고 가는지!
 등등이 궁금하기도 하고,
 이제 대대장으로서가 아니라, 한 인생선배로서 뭔가 조언을 해주고 싶기도 하다.
 그러나, 아무리 좋은 조언도 좋지만 뭔가 손에 쥐어줘서 보내고 싶다.
 줄 게 뭐가 있을까?
 돈을 들여서 할 수 있는 것은 현실적으로 하기 어려

운 일이다.
　뭔가 보람과 의미가 있고 쓸모가 있는 것이 없을까?

　그런 고민 끝에 떠오른 것이 『군복무 평가표』이다.
　2년 동안의 군복무를 마치고 전역하는 대부분의 병사들은 입대 전보다 통상 엄청나게 성장하고 한층 발전되어서 나간다.
　한마디로 어른이 되고 철이 들어서 나간다.
　그런 성장과 발전은 초등학교, 중학교, 고등학교, 대학을 졸업했을 때 느끼는 그것과는 비교할 수 없을 정도의 변화라고 확신한다.
　이것을 증명해 줄 수 있는 뭔가를 손에 들려 보내고 싶은 것이다.

　만일, 군복무를 통해서 발전된 그 개인의 성격과 인격, 체력과 지구력 및 훈련수준 등을 A, A+ 등 평점으로 나타내고, 개인이 보유하고 있는 자격증이나 표창 현황을 기록하고, 동료와 상급자 및 하급자의 관찰결과, 특히 지휘관의 관찰결과 등을 객관적이고 공정하게 작성해서 마치 '학교 성적표'처럼, '졸업 증명서' 처럼 『군복무 평가표』를 들려 보낸다면 보람과 의미가 있지 않을까 하는 것이다.

그러면, 이것이 어떤 의미가 있고, 어떤 효과가 있을까?

첫째로, 전역 후 회사 취직이나 입사할 때 첨부하면 좋은 참고자료가 되지 않을까 하는 기대를 할 수 있다.
물론, 별로 좋지 않은 평가를 받은 병사들은 전역과 동시에 찢어버릴 것이다. 찢어 버려도 된다. 본래 없었던 것이고 공식적인 문서는 아니기 때문이다.
그러나, 평가가 좋은 병사는 그리 기분 나쁘지 않은 자기증명 자료가 될 것이다.
그 증명자료를, 해당 대대장급 지휘관이 발행한 증명자료를 어떤 회사나 조직에 첨부자료로 제출했을 때, 그 회사에서는 그 자료의 신뢰성에는 다소 의문을 가질 수 있겠으나 덤으로 참고가 되면 되지, 손해보는 자료는 아니지 않겠는가 하는 것이다.
그 자료를 제출하는 개인의 입장에서도 없어도 그만이지만 있으면 더 나은 자신의 증명자료가 아니겠는가?

둘째로, 군 복무중 부대에서의 효과이다.
사람은 유치원에서부터 조직에서 벗어날 때까지 위아래로부터 어차피 평가를 받고 사는 거 아닌가.
부대 내에서 자체적으로 인격, 체력 등 여러 가지 평

가분야와 기준을 정해서 간단한 근거자료와 함께 평점을 부여하고, 지휘관 뿐 만 아니라, 상급자, 동료, 심지어는 하급자까지 다면에서의 관찰결과를 기록해서, 전역할 때 본인이 졸업장처럼 휴대해서 전언하는 시스템을 유지한다면, 그런 제도를 시행하지 않을 때보다는 더욱 더 자기 자신을 돌이켜 보면서 군 생활을 할 수 있지 않을까 하는 기대이다.

물론 지금도 군 생활을 하면서 개인별로 생활기록부가 있어서 관찰기록을 하도록 되어있다. 그러나 그것은 그 병사 개인의 애로사항을 관리해 주기 위한 부대 내에서의 참고자료일 뿐이며, 더구나 대외적으로 활용할 수 있는 증명자료는 아닌 것이다. 의무복무하는 병사에게 있어서는 본래 학교성적표와 같은 평가 자료가 없다. 진급경쟁이 없기 때문이다.

그렇다고 이『군복무 평가표』를 상대적으로 남과 비교평가 하고자 하는 것은 아니다. 어디까지나 그 개인의 발전을 유도하기 위한 그 개인만의 절대적인 평가 자료인 것이다. 본인이 부담을 가질 필요는 없는 것이다. 밑져야 본전인 셈이다.

그러면, 이것을 어떻게 만들고, 어떻게 운영할 것인가?

첫째로, 그 내용은 개인의 인적사항을 바탕으로 해

서, 개인의 군 이력에 대한 기록, 자질에 대한 평가, 체력에 대한 평가, 훈련수준에 대한 평가, 동료 및 상하급자의 관찰기록, 그리고 최종적으로 대대장의 관찰평가로 구성하여 그 개인을 홍보할 수 있는 내용을 간단한 근거와 함께 기록하는 것이다.

둘째로, 그 자료에 대한 기록과 운영방법은, 부대에 신병으로 입대할 때부터 해당양식에 기본 인적사항을 기록해서 본인에게 인지시킨 다음에, 해당 중대 컴퓨터에 입력해 놓고 그 시기별로 추가입력하며 전역 전에 해당 중대장에 의해서 평점이 부여되고, 최종적으로 대대장이 본 평가를 기록 후, 본인이 전역할 때 대대장에 의해서 본인의 발전상이 제공되는 것이다.

다행히도 그 개인의 평가가 모든 것이 긍정적이라면 군 생활의 보람이 담겨 있고, 전역 후 자기소개 자료로써 충분한 가치가 있을 것이며, 뭔가 들고 나가는 뿌듯함도 함께 할 수 있지 않을까?
만일, 그 개인의 평가에 다소 부정적인 내용이 있다고 하더라도 그것은 그 개인에게 있어서 좋은 자기성찰의 계기를 제공하는 자료로써의 가치는 충분할 것이다.

우리 대대는 나의 이러한 시도를 적용하면서 실제로 많은 효과를 경험했다.

첫째, 부대생활 중에 그 평가와 관찰기록을 의식하지 않을 수 없는 입장이기 때문에 모든 훈련에서도 적극성이 높아졌을 뿐 아니라, 자기 체력 평가에서도 발전적인 결과를 보기 위해 스스로 노력하는 경향이 나타났다는 점이다.

둘째, 지휘관 뿐 만 아니라, 상급자와 하급자, 그리고 동료로부터 관찰 평가가 기록되기 때문에 자기 자신을 언제나 성찰하면서 생활하므로써 성격이나 인격이 다듬어 질 수밖에 없고, 대인관계에 있어서 예절과 배려를 생활화 해가는 효과가 있었다는 점이다.

그리고 나는 오늘도 가르친다.
나의 용사들에게,
"군 생활이란 인생의 어른이 되기 위한 젊은이의 최대의 학교"라고…
"이 인생학교에서 제대로 전쟁준비를 해야 사회라는 전쟁터에서 이길 수 있다"고…

## 5. 수색 에세이집 발간

　대대원들의 보람있는 군 생활을 위하여 모든 대대요원들이 뭔가 공유할 수 있는 게 없을까 하는 고민 끝에 대대원들의 추억들을 모아보기로 했다.
　최전방 DMZ와 산악에서 푸른 제복을 입고 2년을 생활하면서 누구나 간직하고 싶은 추억이나 기억들이 있게 마련이다.
　나이가 40이 넘어도 남자들끼리 술을 한 잔 한다든지, 모이면 통상 옛날 군대생활 할 때의 추억담을 주고받으면서 웃음꽃을 피운다.

　분대별로 글쓰기를 좋아하는 요원들을 중심으로 2편씩만 써도 간부들까지 포함하면 100여 편의 추억들이 모이지 않을까?

한 사람에 하나의 추억으로 100여 개의 추억을 공유할 수 있다면 해볼만 할 것이다.

과연, 그럴 듯한 작품이 나올까?
2개월간의 시간을 부여한 끝에 모아 본 100여 편의 글들…
와! 대단하구나.
이런 숨은 재주들이 있었구나.
모두가 대대장보다 훨씬 낫구나 하는 생각이 들었다.
역시! 최정예 수색대대 요원들!

**힘들었지만 보람 있었던 훈련의 추억!**
**무서워만 보였던 선임병들의 내면에 있었던 끈끈한 전우애!**
**임무를 수행하면서 느꼈던 찐한 감동!**
**내무실에서 있었던 배꼽잡던 코믹 드라마!**
**『병영문화혁신』을 통해 달라진 군대 생활!**

그 누가 군대생활을 힘들다 했는가?
이런 끈끈한 전우애가 있는데…
나의 모든 대대 요원들은 이러한 추억들을 공유하면서 다시 한 번 자부심을 느끼기 바라면서 대대 에세이

집을 편집하여 책으로 발간하기로 했다.

　DMZ를 누비는 최정예 요원으로서 자랑스럽지 않은가?
　아침마다 8Km를 뛰는 부대가 또 있는가?
　1000고지만을 골라서 100Km를 산악침투 훈련하는 부대가 또 있는가?
　최정예 수색대대 용사들아!
　자부심을 가져라,
　긍지를 가져라,
　너희들은 『DMZ 호랑이』들이다.

　용사들은 스스로를 억지로 드러내지 않는다,
　그 자체로 빛이 나기 때문이다,
　억지로 군림하려 하는 어색한 고참 있는가?
　내 옆에 나로 인해 소외된 후임병이 있는가?

　배려하라!
　용서하라!
　그리고 사랑하라!
　안으로는 부드럽고 밖으로 강하게 내뿜는 『내유외강(內柔外剛)』
　그것이 바로 『DMZ 호랑이』들이다.

수색대대 용사들의 추억을 담은 이 책을 통해
　새로 들어오는 수색대대 요원들도 대대의 『멋과 낭만』을 이해하고,
　『명령(命令) 하나에 목숨을 거는』 최정예 요원으로서의 자부심을 키워 나가기를 바라면서 이 책을 발간한다.

라는 서문과 함께 『수색 에세이집』을 발간하여 나의 모든 대대원이 공유하도록 하였다.

## 6. 3개월 동안의 체육대회

대대장으로서 나는 대대 체육대회를 1년에 세 번을 하도록 했다.

한 번은 7월 1일 대대 창설기념 체육대회이고, 나머지 두 번은 전,후반기 각각 3개월씩 실시하는 이름하여 『건제유지 생활화 체육대회』이다.

대대 창설기념 체육대회는 어느 부대나 다 실시하는 일반적인 체육대회로 중대별로 종목별 베스트 멤버로 구성해서 그야말로 종목별 최우수 중대를 가리는 대회이다.

그러나 『건제유지 생활화 체육대회』는 몇 가지 특징이 있다.

첫째, 모든 종목을 분대 또는 소대 전원이 출전한다.
　분대 종목으로는 배구, 농구, 족구, 릴리이, 육체미, 국가관 발표 등 6개 종목이고, 소대 종목으로는 집단축구, 특공무술, 줄다리기, 태권도, 사격 등 5개 종목이다.
　체육대회라고 이름 붙여 놓고 특공무술, 태권도, 사격, 육체미, 국가관 발표 등 체육활동과 별 관계없는 것까지 다 끼워 넣었다.
　다 생각이 있어서다.
　중요한 것은 병사들이 모두 좋아한다는 점이다.

　둘째, 중대 자체 예선을 실시하되 편리한 시간에 아무 때나 실시한다.
　일과시간 이후, 수요일 전투 체육시간, 토요일 오후, 일요일 아무 때나 좋다.
　중대 또는 소대, 분대가 시간이 가용할 때 Anytime OK다.

　셋째, 모든 종목을 토너먼트로 실시하여 3개월간 실시한다.
　일과시간을 피해서 해야 되기 때문에 하루 이틀 만에 될 수가 없다.
　또, 운동을 하자는 데 목적이 있기 때문에 가급적 장

기 레이스로 하자는 것이다.

　전반기는 3월부터 5월말까지 3개월간 실시하고, 6월 초에 하루 동안 대대 결선을 실시하고, 후반기는 8월부터 10월까지 3개월간 실시하고, 11월 초에 대대 결선을 실시한다.

　그 사이에 7월 1일 날 대대 창설기념 체육대회를 실시한다.

　이런 체육대회를 대대장으로서 개최하는 데는 내 나름대로의 배경이 있다.

　첫째는, 육군에서 『분대건제 활동』을 강조하고 이를 실천하면서 몇 가지 부정적인 현상이 나타나기 때문이다.

　요즘 신세대들의 특성이 과거에 비해 개인주의적인 성향이 있기 때문에 웬만하면 다른 사람과 잘 어울리지 않으려고 하는데다가 분대건제를 강조하다 보니, 다른 분대, 특히, 다른 소대와는 접촉이 자연스럽게 희박해 지는 현상이 생기기 때문이다.

　그래서 다른 분대 및 다른 소대와 인위적인 접촉의 고리를 만들어 줄 필요성을 느꼈기 때문이다.

　둘째로, 요즘 신세대들은 과거 우리 시절과 많이 다

르다.

 그 중 하나가 운동을 잘 하지 않으려고 하는 성향이 보인다는 점이다.

 과거에 내가 소대장 시절에는 일요일만 되면 아침 먹고 시작해서 점심 먹고, 저녁 먹을 때까지 축구시합을 한 경험이 한 두 번이 아니다. 지칠 줄도 모르고…

 근데, 요즘 신세대들은 몸을 움직이는 걸 별로 귀찮아하는 경향이 있다. 하더라도 조금만…

 그래서 요즘 신세대들의 체력이 과거 우리 때와는 많이 다르다.

 내가 소대장 시절에는 완전군장을 한 상태에서 10Km 무장구보를 50분 이내 거뜬하게 했다.

 그러나 요즘 신세대들은 10Km 완전군장 구보는 당연히 못하는 것으로 생각한다. 평균적으로 그 정도 체력도 않된다. 일반적인 얘기다.

 그래서 운동을 좋아하는 사람이나, 좋아하지 않는 사람이나 생긴 건 제대로 누구나 강제로 운동을 하지 않을 수 없도록 시스템을 만들고자 하는 것이 그 또 하나의 목적이다.


 **이런 시스템을 만들어서 운동을 시키면서 대대 연병장은 일과시간 이외에는 비어 있을 날이 없다.**

 **항상 만원이다.**

> **항상 부대에 활기가 없을 수가 없다.
> 일부 병사들은 귀찮을 수도 있겠지만…
> "젊은 놈들답게 뛰어라"하는 것이 나의 주장이다.**

특히, 나는 젊은 녀석들에게 육체미를 강조한다. 남자로서 멋있는 몸짱을 만들어 가라고…

헬스클럽에서 제대로 6개월만 하면 근육이 잡힌다. 군대 생활은 2년이다.

차 떼고, 포 떼면 제대로 할 시간이 없는 것도 사실이지만 그래도 틈나는 대로, 특히, 휴일에 부지런히 움직여 보라는 나의 주장이다.

신병 전입할 때부터 전입 첫 날에 가슴둘레를 측정한다. 100일 휴가 나갈 때 다시 측정한다.

그래서 동기들 중 가장 많이 가슴둘레가 늘어난 병사에게 1박 2일의 포상을 보너스로 붙여 준다.

그 짧은 기간에 늘어나면 얼마나 늘어나랴 마는 동기유발, 분위기 조성은 충분히 되기 때문이다.

특히, 선임병들이 신병들을 부대 체육관으로 데리고 다니면서 운동할 수 있는 여건을 보장해 주기를 기대하면서이다.

대대라는 500명의 조직을 운영하고, 부하들을 대대장 명령 하나에 움직일 수 있도록 하는 데 정말 머리 많이 써야 한다. 잔 머리, 굵은 머리 모두…
　너무 힘들게 해서도 안되고, 너무 바쁘게 해서도 안되고, 너무 약하게 해서도 안되고, 너무 여유롭게 해서도 안되고…

　어떻든, 1년에 6개월을 실시하는 우리 대대의 이 체육대회를 모든 병사들이 다 좋아하고 즐긴다.
　설령, 이 번에 종목 우승을 못했다 하더라도 금방, 또 기회가 있기 때문에 해보자 하는 의욕이 생긴다.
　이러한 운동을 통해서 전우간에 몸으로 느끼는 정을 쌓으라는 것이 나의 생각이다.
　남자들 세계에서는 스트레스를 버리고 전우애를 쌓아 가는 데는 몸으로 부대끼는 운동만큼, 땀만큼 좋은 것이 없다고 생각되기 때문이다.
　그러나 대대장에게는 나름대로의 애로사항이 있다. 그 취지는 좋으나 그래도 명색이 체육대회라 하면 병사들은 뭔가 포상을 기대하지 않을 수 없기 때문이다.
　몇 장 되지도 않는 포상휴가가 다는 아니다. 뭔가 도움이 되는 상품이 필요하다.
　가능한 한 좀 푸짐하게 주고 싶은 것이 부하를 가진 모든 지휘관의 심정인데…

# 7. 대대장님, 저희 체력이 좋아졌어요

수색대대는 그 임무 및 특성상 체력이 생명이다.

평시 임무를 수행할 때면, 우리 사단처럼 산악지역의 경우는 능선과 계곡을 넘는 경우가 대부분이기 때문에 땀과의 한 판 전쟁이 치열하다.

그래서, 모든 군인이 다 그렇지만 특히 수색대대는 그 임무만 수행하더라도 체력이 자연적으로 좋아질 수밖에 없다.

그러나, 그 임무를 수행하면서 체력이 좋아지는 것도 좋지만 그 임무를 수행하기 위해서 체력을 단련하는 것이 무엇보다 중요하다.

이러한 병사들의 체력을 키워주기 위해 대대장 강제 종목을 지정했다.

구보, 특공무술, 태권도, 집단축구가 그것이다.
매일 실시하는 구보 이외에도 이 4가지 종목을 중대 별로 월, 화, 목, 금요일로 나누어 요일을 지정해 주었다.
또한, 매주 수요일 전투체육시간에도 주차 별로 강제종목을 지정해 주었다.
그 날은 일단 대대장 강제 종목을 일정시간 실시한 후에 중대 별로 자체 계획에 의한 활동을 한다.
매주 매일 체력단련 시간에 대대장 강제 종목을 시행하지 않을 수가 없다.

특히, 구보는 매일 8Km를 실시한다.
지휘관의 의지에 따라 틀리겠지만 나는 병사들과 항상 같이 뛴다. 2Km에서부터 4Km, 6Km, 8Km순으로 점차적으로 늘려 나갔다.
사실 매일 8Km라는 거리를 뛴다는 것은 전문적인 마라톤 선수가 아닌 다음에는 쉬운 일이 결코 아니다.
특히, 이제 갓 대대로 전입 온 이등병의 경우는 아마도 스트레스일 것이다.

그래서 몇 가지 제한사항을 두었다.
첫째는, 중대별로 인솔자의 통제하에 2번 정도를 일정구간 걸을 수 있도록 했다. 뛰다가 힘들면 걸어도 좋다고 허락한 것이다.

  아침부터 측정하는 식으로 진을 다 빼는 것이 아니라, 구보를 마치고도 체력이 남아 다른 일을 얼마든지 할 수 있도록 하고, 구보 그 자체를 즐기면서 할 수 있도록 하기 위함이다.

  그래도 일단 뛰기 시작하면 쉬지 않고 계속 뛰고자 하는 것이 병사들의 심리이다. 체력을 늘려가는 재미도 느끼고 "내가 이 까짓껏 못뛰나"하는 자존심이 생기기 때문이다.

  그래서 병사들은 쉬지 않고 계속 뛰려고 하고, 대대장은 중간 중간 2번 정도를 걸으면서 뛰라고 야단치는, 뭔가 거꾸로 된 현상이 생긴다.

  계속 들어오는 이등병들을 고려하지 않을 수 없기 때문이다.

  둘째는, 구보 중에 혹시 이등병의 경우 뒤에 쳐지더라도 절대로 야단을 치거나 핀잔을 주거나 소외시키지 못하도록 하고. 오히려 분대장이 옆에서 같이 걷거나 격려해 주면서 같이 뛰도록 했다.

  요즘 입대하는 젊은이들을 보면 대체로 체력이 그렇게 우수하지 못하다. 부모 밑에서 학교 다니면서 매일 꾸준히 조깅을 한다든지, 규칙적인 운동을 하면서 자기 체력을 관리하는 사람이 거의 드물기 때문이다.

이런 병사들이 입대해서 처음부터 8Km를 뛴다는 건 도저히 무리이다. 점차적으로 적응이 필요하다. 가만히 놔두어도 이등병이라도 스스로 빨리 적응하기 위해서 노력한다. 이등병도 자존심이 있기 때문이다.

셋째는, 대대장부터 전 간부와 병사들이 항상 같이 동참하도록 했다.
매일 반복되는 장거리 구보는 누구든지 사실 귀찮고 힘들기 때문이다. 그래서 대대장이 앞장서고자 하는 것이다. 대대장이 뛰는 데 누가 감히 안 뛰겠는가?

이러한 몇 가지 제한사항 덕분에 이등병부터 구보에 대한 부담을 갖지 않고, 운동 그 자체를 즐기는 자발적인 참여 분위기가 조성이 되어 있다.
8Km를 뛰고 땀을 쫙 흘리고 나서 찬물에 시원하게 샤워하는 그 맛, 그 것도 일품이다.
그 맛에 운동을 하는지도 모른다.
그리고 하루하루 늘어가는 체력의 변화를 모든 병사들이 느끼면서 대대장에 의해 강제로 시행하는 이 장거리 구보를 다들 좋아하게 되었다.
뿐 만 아니다.
다른 어느 부대는 기본적인 일일 2Km 구보가 전부인 데 반해, 우리 수색대대는 일일 8Km를 뛰니 당연히 병사들 사이에서 자부심이 커지기 마련이다.

어디를 가도 우리는 일일 8Km를 뛴다는 사실을 자랑으로 태연하게 얘기한다.

마치 전혀 힘들지 않다는 듯이… 사실은 힘들면서…

반면에, 부작용도 생기게 되었다.

수색대대가 매일 8Km 구보를 한다고 소문이 난 이후에 신병교육 대대에서 신병들이 수색대대를 기피하는 현상이 생겨 버린 것이다. 거참…

수색대대에 대한 멋과 자부심으로 신병들의 선호도가 항상 가장 높았으나, 수색대대가 8Km를 매일 뛴다는 소문이 나면서 신병들이 지레 겁부터 먹는 모양이다. 짜식들…

그래도 수색대대를 지원하는 녀석들은 더 배짱이 있는 녀석들일 것이다.

좋다.

자신있는 녀석들만 와라.

매일 8Km를 뛸 의지가 없는 녀석들은 오지 않아도 좋다.

어쨋든 대대장이 체력단련을 강조하고 매일 8Km를 뛰면서 대대의 사기와 자부심은 더욱 더 높아졌고, 모든 병사와 간부들의 체력이 좋아짐에 따라 자신감이 더 높아졌다.

　대대장에 대한 마음의 편지를 통해 병사들은 얘기한다.

　"대대장님, 대대장님과 같이 매일 구보를 하면서 구보가 즐거워 졌습니다. 체력이 날로 좋아지는 느낌이 너무 좋습니다. 전역하고 사회 나가도 매일 운동하겠습니다. 대대장님, 감사합니다."라고…

# 8. 명령 하나에 목숨을 건다

우리 수색대대는 사단의 특수부대이다.
평시에도 늘 실탄과 수류탄을 휴대하고 미확인 지뢰가 산재해 있는 비무장지대를 담당하고 있을 뿐 만 아니라, 전시에도 특별한 지역에서 특별한 임무를 수행하는 부대이다.

그 어떤 부대보다 더 강인한 정신과 훈련, 엄정한 군기 및 일사분란한 명령체계가 요구되는 부대이다.

이러한 수색대대를 지탱해 주고 그 임무를 수행할 수 있게 해주는 정신적인 지주는 무엇일까?

## 명령 하나에 목숨을 건다

바로 그것이다.

'명령 하나에 목숨을 걸 수 있'는 그러한 정신없이 어떻게 실탄을 장전하고, 수류탄을 휴대하고 미확인지뢰가 산재한 DMZ를 내 '안마당'처럼 누빌 수 있겠는가?

'명령 하나에 목숨을 걸 수 있'는 그러한 정신없이 어떻게 1000고지를 누비며, 밤을 낮과 같이 훈련할 수 있겠는가?

'명령 하나에 목숨을 걸 수 있'는 그러한 정신없이 어떻게 그 무거운 군장을 짊어지고, 특별한 지역에서 특별한 임무를 수행할 수 있겠는가?

바로 그것이 수색대대를 지탱해주는 정신적인 지주인 것이다.

그러면, 그러한 정신적인 지주는 무엇으로 만들어 지는가?

그것은 바로 『지휘관에 대한 신뢰』와 『부대에 대한 자부심』이다.

병사들에게 있어서 자기를 지켜주는 지휘관에 대한 신뢰가 없다면, 자기가 속해 있는 부대에 대한 자부심이 없다면, 기둥없는 모래성처럼 흔들릴 것이며, 재미없는 가면극처럼 지루하기 짝이 없을 것이다.

## 지휘관에 대한 신뢰

어떠한 임무를 수행하든, 어떠한 훈련을 하든 철저하게 준비한다.

단 1명이 임무를 수행하든, 대대전체가 임무를 수행하든 거기에는 항상 대대장의 고민과 흔적이 존재한다.

DMZ의 가장 힘들고 위험한 수색코스, 가장 위험한 매복지점, 그곳엔 대대장이 함께 한다.

아침마다 힘들고 귀찮은 8Km 구보, 거기엔 항상 대대장이 존재한다.

부조리없는 병영생활을 위해 대대장이 먹은 식기는 대대장이 닦는다.

단 한 사람도 소외되는 사람이 없도록 하기 위해, 힘없는 이등병도 웃으면서 살 수 있도록 대대장은 철저히 지켜준다.

『병영문화혁신』으로…

매월 쏟아지는 애로 및 건의사항, 아무리 사소한 것이라도 대대장은 절대로 소홀히 하지 않는다.

내가 할 수 있는 모든 것을 다해 여러분들의 애로사항을 해결해 준다.

대대장은 언제나 투명하고 깨끗하다.
어느 누구를 우러러 한 점 부끄러움이 없다.
나는 주장한다.
여러분들도 항상,
『떳떳하고 당당하게』 행동하라고…

**부대에 대한 자부심**

수색대대 여러분들은 사단 최고의 요원으로서 선발된 용사들 아닌가?
평균 10대 1의 경쟁을 뚫고 선발된, 그리고 지원한 우수한 엘리트 아닌가?
사단 최고의 용사들로 구성된 수색대대를 그 누가 막는가?
DMZ내 GP는 사단의 눈이요, 육군의 눈 아닌가?
사단, 그리고 육군의 최고 선봉 아닌가?
남들이 모두 두려워하거나 동경의 대상인 DMZ를 내 안마당처럼 누비면서도 단 한 번의 실수도 하지 않는 『DMZ 호랑이』 아닌가?
여러분들 가슴에 붙어 있는 호랑이 마크는 가만히 있어도 멋이 나는 자부심의 상징 아닌가?
대대 위병소 앞에 우뚝 서 있는 DMZ 호랑이 상(像)이 여러분들을 지켜주고 있지 않은가?

한 손에 대검을 들고 검무(劍舞)를 추고, 단전호흡과 낙법으로 심신을 단련하는 특공무술은 여러분들의 자랑 아닌가?

수색대대 가는 곳에 밤이 어두운가?
1000고지가 높은가?
칠흑같이 어두운 밤, 1시간에 100m를 넘지 않는 침투훈련과 도로를 건너, 물을 건너, 개활지를 건너, 산악을 오르는 야간 대성산 종심침투훈련이 여러분들의 멋 아닌가?
그리고 1073고지 적근산과 광불령을 지나 847고지 장군산, 993고지 두류산을 지나, 1152고지 복주산을 거쳐, 1176고지 대성산을 넘는 『100Km 야간 산악훈련』은 사단의 그 누구도 할 수 없는 여러분들만의 자부심 아닌가?

그런 가운데서도 아랫사람을 배려하고 칭찬하고 격려해 주면서 새로운 병영문화를 만들어 나가는 최선봉 부대 아닌가?

### 대대훈과 대대 7대 전통

이러한 자부심이 바로 우리 수색대대의 멋이다.

대대장은 당당하게 주장한다.

"사단 최고의 수색대대 요원으로서 자부심을 가져라."

"언제 어떠한 임무도 명령 하나에 목숨을 걸고 수행하라."

"대대훈과 대대구호가 여러분들을 말해 준다. 여러분들이 사단 최고의 최정예 요원이라고…"

# 5. 지휘관의 얼굴

☞ 1. 지휘관의 네 가지 얼굴
　　2. 나의 리더십 23원칙
　　3. 대대장 마음의 편지

## 1. 지휘관의 네 가지 얼굴

　500명의 병력을 직접 지휘하는 지휘관은 '천의 얼굴'을 가져야 한다고 흔히들 이야기 한다.
　다양한 상황에 따라 다양한 방법에 따라 대처할 줄 알아야 한다는 점을 강조한 말이라 생각된다. 지휘관의 얼굴이 다양해야 한다는 점은 옳은 말이라 생각된다.
　그러나 그것이 부하들이 보는 지휘관의 스타일이라고 본다면 얼굴이 천개면 부하들이 헷갈리지 않을까?
　나는 지휘관이 보여주어야 할 얼굴이 네 개이면 적합하다고 생각된다.
　모든 상황을 네 가지로 요약하여 부하들이 지휘관이 어떤 상황에서 어떻게 할 것인가를 말 하지 않아도 서로 통할 수 있도록 하는 것이 바람직하지 않을까?

**첫째는, 진지한 얼굴이다.**

지휘관의 모습은 부하로부터의 신뢰에서부터 시작된다고 생각된다.

이러한 신뢰는 모든 상황을 진지하게 신중하게 생각하고 판단하여 항상 후회하지 않는 선택을 한다는 믿음을 주는 것이다.

그러한 믿음은 진지한 모습에서 비롯될 것이다. 만일, 항상 옳은 선택을 한다 하더라도 선택하는 과정에서 진지하게 생각하는 모습이 없다면 주위에서 보는 입장에서 믿음이 갈까?

그러나 항상 진지하기만 한 얼굴이라면, 지루하고 재미가 없을 것이다.

**둘째는, 환하게 웃는 얼굴이다.**

대체로 신중하게 판단해야 할 상황보다는 일상적인 대인관계가 더 많을 것이다. 크게 웃을 수 있는 일이 많으면 많을수록 얼마나 좋을까.

하루 5분만 웃어도 5년은 더 젊어진다는데…

웃음은 주위에 있는 사람들을 편안하게 만든다. 그리고 그 사람에게 쉽게 다가갈 수 있도록 만들 것이다. 그래서 지휘관은 유머감각도 필요하다. 그것이 부하들을 즐겁고 편안하게 만들 수 있기 때문이다.

그것은 곧 편안한 의사소통과 화합된 그룹의 모습을

만들어 갈 것이다. 그러나 나는 사실 이 부분이 좀 취약한 편이다. 너무 무게만 잡고 있는 게 아닌가 하는 반성을 해 본다.

### 셋째로는, 침착한 얼굴일 것이다.

누구나 다 마찬가지지만 위기상황과 좋지 않은 상황이 늘 있기 마련이다. 항상 좋은 일만 있고 즐거운 일만 있다면 얼마나 좋을까.

위기 상황일 때, 안 좋은 일이 있을 때 그 사람의 모습이 진짜 보인다고 한다. 하물며, 지휘관의 모습은 위기상황에서 부하들 앞에서 갑자기 달라지는 모습, 흔들리는 모습은 절대 금물이다.

군의 특성상 지휘관의 얼굴 중에서 가장 필요한 모습이 바로 이러한 얼굴이 아닌가 한다. 위기상황과 좋지 않은 상황이 어디보다 많이 있을 수 있기 때문이다.

위기상황에서 지휘관이 생각이 왔다 갔다하고 말이 떨리고 감정에 기복이 있다면 보는 사람이 얼마나 불안할까?

### 넷째로는, 화난 얼굴이다.

수백 명을 지휘하다 보면 별 일이 다 있다. 특히, 일이 잘 못 되거나, 누군가가 의도적으로 잘 못을 저지르는 경우가 허다하다.

누가 잘 못을 하든, 일이 잘 못 되든 언제나 부처님처럼 표정에 변화가 없고 용서할 수 있다면 얼마나 좋을까?

그러나, 대부대를 지휘하는 지휘관이 아닌, 병력을 직접 지휘하는 대대장급에서는 때로는 화내는 얼굴도 필요하다. 무서운, 그래서 함부로 할 수 없는 위엄도 필요하기 때문이다.

다만, 그것이 즉흥적인 언성과 찌그러지는 인상보다는 화를 내더라도 상황과 순서를 고려하는 근엄함이어야 함은 두 말하면 잔소리이다.

**진지한 얼굴,
환하게 웃는 얼굴,
침착한 얼굴,
때로 화난 얼굴,
이것이 지휘관이 가져야 할 얼굴이다.
이런 얼굴이 적시적절하게 잘 유지되면 얼마나 좋을까.
그러나 그리 쉽지 않은 거 같다.
어떻든 노력해야 할 대목인 것만은 분명하다.**

## 2.
# 나의 리더십 23원칙

 

 

리더십은 누구에게나 필요하다.

두 사람 이상만 모이면 리더가 필요하기 때문이다.

또한, 리더에 따라서 그 조직의 성격이 나타난다.

따라서, 부대를 지휘하는 지휘관에게 있어서 리더십은 부대의 특성을 좌우하는 절대적인 요소가 된다.

그러나, 리더십도 대상에 따라 다르며, 시대에 따라 변한다.

지금 시대에 군복무를 하는 신세대들은 과거와 달리 매우 합리적이다. 우리나라 경제수준 만큼 비례해서 수준이 높아 간다.

지휘관에 대해 비판할 줄도 알고, 복종할 줄도 안다. 따라서, 지금의 신세대들에게 공감을 받고 존경받을 수 있는 리더십의 개발이 필요하다.

지휘관에 있어 리더십은 지휘통솔 그 자체다.

사람들은 누구나 이 리더십을 이야기한다.

그러나, 통상 개념적인 이야기만 하는 것이 보통의 경우이다.

리더십은 개념이 아니라 실천이다.

따라서, 지휘관이라면 누구나 자신에 맞는 리더십을 구체적으로 정립해서 그것을 실천하도록 노력해야 한다.

그렇지 않으면, 자기 성격대로 지휘하게 되기 때문이다.

그래서 나는 다음과 같은 『나의 리더십 23원칙』을 설정하여 이를 지키고자 부단히 노력하였다.

### 나의 리더십 23원칙

1. 리더십은 조직에 대한 자부심을 키워주는 데서부터 시작된다.
2. 시스템으로 지휘한다. 자동으로 해결된다.
3. 항상 구체적인 목표와 비젼을 제시한다.
4. 훈련은 강하게, 휴식은 철저히 보장한다.
5. 체력훈련을 많이 시킨다. 자동으로 군기가 뜬다.
6. 분대, 소대, 중대 등 부대표창 기회를 제공한다. 단결심이 생긴다.

7. 지휘관이 먼저 투명하고 깨끗해야 한다.
8. 권위주의적인 요소를 제거한다.
9. 부하 지휘관을 믿고 맡긴다. 창의성이 생긴다.
10. 너무 세세히 확인하려 하지 않는다. 부대가 피곤하다. 부대가 피곤하면 사고가 생긴다.
11. 어디든지 나의 관심과 지침이 존재하게 한다.
12. 중요하다고 생각되는 것은 지속적으로 반복한다. 타성에 젖지 않아야 한다.
13. 일이 잘 못 되었다고 지휘관이 기죽지 않는다.
14. 부사관을 존중한다. 부사관들이 부대의 근간이다.
15. 부하를 존중하고 그들을 위해 무엇을 해 줄 것인가를 생각한다.
16. 무거운 얼차려는 옛 말이다.
17. 벌보다 칭찬과 상(償)이 많아야 한다.
18. 사안마다 동기를 부여한다.
19. 벌은 형식과 격식을 갖추어서 준다. 감정적으로 주지 않는다.
20. 백 번 정신교육 하는 것보다 한 두 번 같이 목욕하고, 당구치고, 탁구치며 어울리는 것이 백 번 좋다.
21. 가끔 대단결을 위한 이벤트를 만든다.
22. 화통하게 웃자. 웃어야 의사소통이 된다.
23. 투자한다. 내 부대를 위해서 내가 할 수 있는 모든 정성을 다한다.

**첫 번째, 리더십은 조직에 대한 자부심을 키워주는 데서부터 시작된다.**

나는 대대의 모든 간부와 병사들에게 자부심을 심어주기 위해 정말 많은 고민을 했다.

우선, 부대의 자부심을 위해, 대대 특성에 어울리는 강인한 대대훈과 대대구호를 만들어 외치도록 했다.

또한, 수색대대의 전통을 심어주기 위해 '수색대대 7대 전통'을 제시하여 부착하도록 하였으며, 대대 위병소에 우리 대대의 상징인 '호랑이 상(像)'을 만들어 올렸다.

그리고, 교육할 때마다, 우리는 사단의 최선두에 있으며, 사단의 오른팔이라는 우리의 '임무'에 대한 자부심과 우리는 『DMZ 전투프로』라는 프로의식을 강조하였다.

또한, 나는 우리 수색대대 모든 병사나 간부들은 선발된 요원들임을 늘 강조했다.

병사들을 지칭할 때, '수색대대 병사'라고 말하지 않았다.

일반적으로 지칭할 때는 '수색대대 요원', 또는 '수색대대 용사'라고 지칭했다.

나는 우리 대대 용사들이 어느 부대에도 뒤지지 않는 강한 자부심을 가지고 있다고 확신한다.

**두 번째, 시스템으로 지휘한다. 자동으로 해결된다.**

부대에서는 정말 할 일도 많다.

기본적인 전투준비태세와 교육훈련도 바쁜데, 그 외에도, 각 기능별 각 종 검열에다가 태권도, 특공무술, 사격, 대적관 발표능력, 거기다가 체육대회, 대대 전투력 측정 및 우수소대 선발 등등, 정말 할 일이 많다. 이것을 각각 신경 쓰려면 정말 머리 아프다.

그래서 나는 이런 모든 것들을 모아서 2개의 큰 시스템을 묶어서 통합하였다.

그 하나는, 전 후반기 각각 『대대 우수부대 선발계획』이고, 다른 하나는, 전 후반기 각각 3개월씩 진행되는 『건제유지 생활화 체육대회』이다.

그래서, 전투준비 및 전투력 향상, 그리고 인사, 정보, 작전, 군수 등, 기능별 상급부대 검열 대비 및 대대 자체 측정을 위해서는 이러한 기능들을 모두 통합하여 『대대 우수부대 선발계획』 속에서 자동으로 이루어지도록 한 것이다.

또한, 『건제유지 생활화 체육대회』라는 시스템을 만들어, 여기에 각 종 구기운동 뿐만 아니라, 태권도, 특공무술, 대적관 발표능력, 사격능력 등과 분대별 육체미까지 묶어서, 분대 및 소대별 건제를 유지해서 누구나 참여할 수 있도록 하였다. 이것을 3개월 단위로 시간을 부여하여, 토요일 일요일 아무 때나 중대별로 편리한 대로 자체 예선을 거쳐 대대 결선을 하므로써 평시에 하지 않을 수 없도록 만든 것이다.

따라서, 각 과제별로 특별한 신경을 쓰지 않아도 시스템 속에서 자동으로 해결되면서 병사들도 활기차게 움직이게 되었다. 이를 통해, 우리 대대 연병장은 토요일 일요일에도 항상 누군가가 운동을 하는 분위기가 되었다.

**세 번째, 구체적인 부대의 목표와 비젼을 제시한다.**

어느 조직이나 조직의 목표가 있게 마련이며, 조직의 장은 항상 나름대로의 비젼을 제시한다. 그러나, 특히, 부대는 일반적인 목표가 너무도 분명하기 때문에 오히려 목표의식이 희박해 지기 쉬운 특징도 있다. 그래서 나는 '전투준비 완비'라는 부대의 일반적인 목표 이외에 좀 더 단기적이고 전 대대원이 공감을 가질 수 있는 구체적인 목표를 제시하고자 했다.

2004년 금년에 내가 제시한 우리 대대의 목표는 '사단 축구 제패'이다. 부대에서 축구는 빼고 얘기할 수 없는, 누구나 좋아하는 우리들의 공통분모이다. 또, 사단에서 체육대회를 할 때, 우리 수색대대는 축구라는 종목에서는 항상 직할대 대표로서 위상을 굳혀 왔기 때문에, 금년에는 우리 대대 단일팀으로서 4개 연대를 제압하자는 의지의 표현이다.

그래서 특별히 훈련기간이 아닌 한, 대대 간부들은 주 2회, 각 중대는 중대별로 '축구요일'을 아예 정해주고 의무적으로 하도록 했다. 누구나 좋아하기 때문이다. 이를 통해서, 나는 대대 전체가 하나의 공감대를 가지고자 하는 것이다.

그러나, 이러한 목표는 반드시 달성되지 않아도 무방하다. 다만, 그러한 목표를 실현하기 위해 웃으면서 노력하는 과정 속에서 부대가 단결되는 모습이 더 중요하기 때문이다.

**네 번째, 훈련은 강하게, 휴식은 철저히 보장한다.**

우리 대대는 임무의 특성상 소대단위로 훈련을 시킬 수 밖에 없는 제한이 있다. 그래서 훈련하기도 좋고, 휴식하기도 좋다.

기본적으로 사단통제 훈련 이외에도, 100Km 야간 산악행군, 일일 8Km 구보, 특공무술을 우리『수색대대 3대 훈련종목』으로 만들어 그야말로 강한 호랑이로 만든다. 대신, 주야연속 훈련한 날 수만큼 휴식을 보장한다. 휴식하는 부대는 절대로 작업도 시키지 않는다. 그래서 병사들은 훈련을 해도 희망이 있게 된다.

통상적으로, 훈련은 안전하게 사고 없이 하는 데 중점을 두고, 내무실에서는 병사들 상호간에 군기를 잡는 곳으로 인식되어 온 것이 어쩌면 그 동안의 우리의

문화였는지도 모른다.

그러나, 이제는 반대로 하자는 것이다.

'훈련은 강하게, 내무실은 편하게' 이것이 대대장으로서 나의 강력한 의지요, 실천덕목이다. 그래서 우리 대대는 훈련할 때는 아예 각오를 단단히 한다. 대신, 훈련 후 부대정비는 철저히 보장해 주기 때문에 모든 장병들이 훈련을 두려워 하지 않는다.

**다섯 번째, 체력훈련을 많이 시킨다. 자동으로 군기가 든다.**

운동과 땀만큼 단결되는 것이 없다.

나는 매일 오전 2시간을 체력단련으로 하루일과를 시작했다.

대대장을 비롯하여, 전 참모가 동참하고, 각 중대별로 하루 8Km를 뛴다. 대신, 심적인 부담을 덜어주고 이등병을 보호하기 위해 중간 중간 걸으면서 심호흡을 할 수 있는 구간을 부여하고, 혹시 이등병이나 누가 뒤에 쳐지더라도 절대로 야단치지 못하도록 했다. 이등병도 자존심이 있으니까…

심적인 부담을 주지 않는 이런 장거리 구보를 반복하면서, 대대의 모든 병사들이 구보를 즐긴다. 그리고 스스로 타 부대에 비해 자부심을 가지면서 군기가 가장 센 부대라고 생각한다.

**여섯 번째, 분대, 소대, 중대에 부대표창 기회를 많이 제공한다. 단결심이 생긴다.**

나는 위에서 언급한 『건제유지 생활화 체육대회』와 『대대 우수부대 선발계획』이라는 시스템 속에서 분대, 소대 및 중대까지 단체표창 기회를 많이 제공했다.

그리고 그 표창을 반드시 분대, 소대, 중대별로 전시하도록 했다.

그러한 과정을 통해, 분대장, 소대장, 중대장이 선의의 경쟁심을 가지고 서로 작전을 짜고, 토의하고, 단결할 수 있는 계기를 제공하고자 한 것이다.

실제로 분대장, 소대장들이 리더십을 발휘하는 계기가 됨을 좋아하는 모습을 보면서 보람을 느낀다.

**일곱 번째, 지휘관이 먼저 투명하고 깨끗해야 한다.**

어느 지휘관이나 다 마찬가지지만 나는 나의 리더십의 이 원칙을 세워놓고 정말 깨끗하고 투명하기 위해 많은 노력을 했다.

대대장은 생일이 없으며, 명절에도 어떠한 선물이나 방문도 금지하였고, 모든 대대의 금전적인 사용에도 직접적으로 개입하지 않고 항시 규정과 방침에 의해 집행하도록 하였다.

그리고 대대장은 항시 떳떳하고 당당함을 강조하였다.

**여덟 번째로, 권위주의적인 요소를 제거한다.**

시대흐름에 따라 분위기가 계속 바뀐다. 나도 구시대적인 모습을 탈피하고자 많이 노력하는 편이다.

우선, 대대장 출근시간에 맞추어 일직사령이 항상 대대장실 입구에 서서 경례하고 야간 상황을 보고하는 관례를 없애 버렸다. 일직사령이 항상 그 시간을 맞추기가 사실 곤란할 때가 많기 때문이다.

또한, 대대 간부식당에 30년 동안 지속되어 오던 정 가운데 대대장 헤드 테이블을 없애 버렸다. 테이블을 옆으로 돌려서 누구와도 자유롭게 식사하고, 들어오고 나갈 때 정면에 앉아 있는 대대장에 대해 경례를 하지 않아도 되도록 했다.

특히, 대대장이 먹은 식기는 대대장이 스스로 닦으므로써 모든 간부나, 병사들에 있어 형식적이고 어려운 권위주의적 예절(?)들과 부조리들이 자동으로 없어지도록 하였다.

역시, '윗물이 맑아야 아랫물이 맑다'는 옛 말이 진리임을 느낀다.

**아홉 번째, 부하 지휘관을 믿고 맡긴다. 창의성이 생긴다.**

어느 누구나 지휘관으로서 열심히 노력하려 하지 않는 사람이 없다. 아랫사람을 믿고 맡긴다는 것이 대단히 중요한 문제이다. 이러한 모습은 특히, 우리 사단장님으로부터 많이 배운다. 예하 부대에 대해 심한 간섭이나 점검을 최소화하고, 예하 지휘관에게 "양껏 지휘하라"고 늘 주문한다. 여기서 나는 더 많은 책임감을 느끼고 그 믿음에 '누(累)'를 끼치지 않기 위해 더 많은 노력을 하게 되었다.

그러나, 나도 이러한 나의 원칙을 세워 놓았으면서도, 솔직히 내 자신은 이를 잘 지키지 못한 것 같다. 예하 중대장들의 경험부족에서 오는 시행착오를 예방하기 위해 믿고 맡기기 보다는 항상 세밀히 지시하고 확인한 것 같다.

이는 정도의 문제이다. 어디까지가 적당한 지는 상황에 따라 사람에 따라 다른 문제이다. 어떻든, 부하 지휘관을 '믿고 맡긴다'는 나의 원칙을 염두에 두고 눈높이를 조절한다.

**열 번째, 너무 세세히 확인하려 하지 않는다. 부대가 피곤하다. 부대가 피곤하면 사고가 생긴다.**

때로, 어느 지휘관이 아주 무섭고 엄하며, 검열이 많을 때, 그 부대에서 사고가 많이 발생하는 경우를 듣고 본다.

우리 사단의 경우, 사단장님의 인품이 예하 지휘관으로부터 정말 존경받고 있다. 아직 단 한 번도 큰 소리로 야단치거나 흉을 보는 일을 본 적이 없다. 항상 아랫사람을 배려하고 몸소 실천하는 모습, 그리고 믿고 맡기는 스타일이며, 항상 어느 누구에게도 격려와 칭찬을 아끼지 않는다. 그래서 그런지 우리 사단에서는 인접 부대와 달리 큰 사고가 한 건도 없다.

이는 대대급의 작은 부대도 마찬가지다. 대대장이 너무 부지런하게 확인하고 야단치고 다닌다면 부대가 너무 항상 긴장되고 스트레스를 받게 된다. 부대 개개인이 스트레스를 심하게 받게 되면, 거기에는 어떤 형태이든 사고의 가능성이 있게 마련이다. 스트레스를 받고 짜증나는 분위기이냐, 아니면, 여유 있고 웃을 수 있는 분위기이냐 하는 것은 조직관리의 매우 중요한 문제이다.

이 역시 상황에 따라 다른 정도의 문제이겠지만 지휘관으로서 이러한 원칙에 대한 인식이 매우 중요하다고 생각되며, 나는 이를 늘 명심하고 있다.

**열 한 번째, 어디든지 나의 관심과 지침이 존재하게 한다.**

나는 구석구석 직접 세밀히 확인하고 문제점을 지적하고자 노력하기 보다는, 그 대신해서 어디든지 구석구석 나의 관심과 고민의 흔적이 존재하도록 한다.

취사병들이 대대원의 식사를 준비하는 취사장에는

'취사장 운영 대대장 강조사항'을 눈높이에 붙여 항시 보면서 일하도록 하고 있다.

위병소에도 '위병근무 대대장 강조사항'이 붙어 있고,

수송부에도 '안전운전 대대장 강조사항', 그리고 '차량정비 대대장 강조사항'이 부착되어 있다.

또, 어디든지 '보안활동 대대장 7대 원칙'이 붙어 있다.

그 뿐 아니다. GP라는 데도, 각 격오지에도, 특수임무를 수행하는 곳에도 그와 관련된 대대장 강조사항이 액자로 부착되어 있다. 어디에서 무엇을 하더라도 병사들이 대대장의 관심과 지침을 가지고 근무하도록 하기 위함이다. 이것은 '지시'가 아닌 '지도'이다.

특히, 화장실에도 인격지도를 위한 '대대장의 당부'가 여러 개 부착되어 있다. 사람은 화장실에 있을 때 가장 진솔해 진다고 생각되기 때문이다.

중요한 것은 대대장의 이러한 강조사항들을 우리 병사들이 소중히 간수한다는 점이다.

**열 두 번째, 중요하다고 생각되는 것은 지속적으로 반복 교육한다.**

타성에 젖지 않아야 한다.

우리 대대는 그 임무상 대단히 큰 사고요인을 늘 안

고 있다.

  1년 365일 언제나 DMZ에서 작전요원들이 실탄을 장전하고, 수류탄을 휴대하고 임무를 수행하며, 하루도 사격하는 총소리가 중단되는 날이 없다. 특별한 경우를 제외하고는…

  따라서, 누군가에 의한 고의적인 사고도 늘 잠재하고 있지만 언젠가는 누구에 의해선가는 한 두 번의 실수가 예고되어 있다고 해도 과언이 아니다. 이것이 지휘관으로서의 나를 늘 긴장하게 만든다.

  고의적인 사고보다 더 가능성이 있는 것이 실수에 의한 사고다.

  그래서, 실수를 예방하는 방법, 이것이 나의 주된 관심사일 수 밖에 없다.

  나는 두 가지를 늘 생각했다.

  하나는, 실수를 예방할 수 있는 규칙적인 시스템, 또는 방식의 습관화, 또 하나는, 타성에 젖지 않도록 지속적인 반복 교육과 긴장조성이다.

  그래서 내가 직접 항상 체험을 하면서, 전술적으로 발전되어야 할 부분과 실수를 예방하기 위해 주의해야 할 부분을 '대대장 강조사항'으로 아주 자주 하달하곤 했다.

  길지도 않게… A4 용지로 딱 한 장씩, 누구나 볼 수 있도록… 누구나 쉽게 기억할 수 있도록…

나는 나의 요원들에게 늘 주장해 왔다.
"『DMZ 호랑이』는 어설픈 실수를 하지 않는다"고…

**열 세 번째, 뭔가 잘 못 되었다고 지휘관이 기죽지 않는다.**

지휘관의 얼굴이 곧 그 부대의 얼굴이며, 지휘관의 표정이 곧 그 부대의 분위기가 된다.

약 500여 명이 존재하는 대대급에는 때로 별의 별 일이 다 생긴다. 특히, 부대의 명예를 떨어뜨리는 사고가 발생했을 때, 참으로 표정관리하기가 어렵다.

엄하고 진지한 표정이면 충분하다고 생각된다. 규정과 절차에 입각해서 벌을 줄 건 벌을 주되, 흥분하거나 지휘관이 사기가 죽으면 모두가 사기가 죽거나 포기하게 된다.

지휘관은 표정관리가 필요하다는 것을 나는 늘 명심하고 있다.

**열 네 번째, 부사관을 존중한다. 부사관들이 부대의 근간이다.**

이 또한 내가 소중히 하는 원칙 중에 하나이다.

대대급에 약 50여 명의 간부들이 있다. 그 중에 절반 이상이 부사관이다. 장교들은 1년에서 2년마다 부대를 이동하지만 부사관들은 그 부대에 장기적으로 근무한다. 당연히 그 부대에 대해서 많은 경험을 가지고 있으며, 남다른 애착을 가지고 있는 경우가 대부분이다.

따라서, 부사관들이 뭉치고 단합하면 못할 것이 없다.

부사관들의 단합된 힘은 부사관들의 사기에서 나오고, 부사관들의 사기는 곧 지휘관의 부사관에 대한 존중에서 비롯된다.

우리 대대 주임원사는 나이 50이 넘은 베테랑이다. 비록 계급은 소위보다 아래이지만 그 군 생활의 경험은 30년이 넘는다. 당연히 존중받아야 할 경륜이다.

나는 우리 주임원사를 대대장 다음으로 대대 2인자로 위상을 높였다. 자리에 앉아도 대대장 옆에, 줄을 서도 대대장 다음으로, 대대 소령급 작전장교보다도 더 위상을 높였다. 그리고 대대장은 항상 부대관리 측면에서는 주임원사와 늘 상의했다. 비록, 대대장 머리에 이미 결심이 서 있다고 하더라도 늘 의견을 나누는 모습을 예하 간부들에게 의도적으로 보여주었다.

또, 중대에서도 중대 행정보급관 상사를 중대장 다음으로 대우하도록 했다.

원래 공식 지침은 주임원사는 해당 제대의 참모급으로 대우하도록 되어 있다. 그러나 우리는 대대급이기 때문에 그 위상을 더 높인 것이다.

대신, 군대예절만큼은 더욱 더 명확하게 하도록 했다.

즉, 주임원사도 계급으로는 분명히 소위보다 아래이고, 책임자 입장이 아니기 때문에, 소위에게도 군대예절에 따른 '경례'는 반드시 철저히 지키도록 했다.

'위상은 높이고, 군대예절은 철저히' 하자는 것이 대대장의 주장이다.

이런 분위기가 정착되면서, 그 동안 부사관의 사기도 높아졌고, 반대로, 부사관들이 그 동안 관행적으로 소위, 중위 등 위관급 장교들에게 경례를 하지 않던 분위기도 사라지면서, 장교와 부사관간에 분위기도 덤으로 좋아져서 대대 간부들 전체의 분위기가 더욱 단합된 모습, 활기찬 모습으로 정착되고 있다고 확신한다.

**열 다섯 번째, 부하를 존중하고 그들을 위해 무엇을 할 것인가를 늘 고민한다.**

부하들을 내 소유물처럼, 내가 맘대로 할 수 있는 것처럼 생각한다면 큰 착각이다. 부하들을 내 '명령하나에 목숨을 걸 수 있게' 만든다 하더라도 그것은 어디까지나 부대 임무에 맞는 합목적인 것이라야 하며, 타당한 것이라야 한다.

요즘 신세대 병사들은 매우 합리적이다. 무조건적인 충성은 없다.

자기를 존중해 주는 상관에게는 존경하며 충성을 다하나, 인격적으로 존경받지 못하는 상관에게는 비난과 고발이 바로 따라간다.

　부하들은 다만 나이가 어릴 뿐이다. 이 사람들이 전역 후 이 나라의 기둥이요, 간성이 될 사람들이다.

　그들은 존중받아야 할 소중한 후배들이요, 이제 막 어른이 되려고 하는, 잘 가르쳐야 할 청소년의 마지막 단계에 있는 사람들이다.

　어떠한 힘든 훈련이라도 정상적인 훈련은 누구나 다 따라한다. 또, 힘든 훈련일수록 더 자부심을 느낀다.

　따라서, 훈련은 강하게, 그리고 생활은 최대한 불편이 없도록, 누구 하나라도 소외되는 사람이 없도록, 정성을 다해 그들을 지켜주고, 보호해 주며, 가르쳐야 한다.

### 열 여섯 번째, 무거운 열차려는 옛 말이다.

　지금의 신세대들은 의식수준이 상당히 발전되어 있다.

　과거에는 병사들이 소위 '무서운(?)' 사람을 무서워하고, 성품이 훌륭한 사람의 말은 다소 무시하거나 경시하는 경향이 있었다. 그러나 지금의 신세대들은 다르다. 무서운 사람, 그래서 다소 지나친 사람들은 바로 고발 대상이다. 대신, 성품이 훌륭한 사람을 존중하고 잘 따른다. 매우 합리적인 경향을 보인다.

　지금의 신세대들은 자신에게 손해가 되는 일은 하지

않는다.

따라서, 지켜야 될 『규정』을 잘 지키며, 하지 말아야 할 일은 거의 하지 않는다. 불필요한 규정위반으로 자기 자신에게 모험을 하지 않는다.

한 마디로, 대화가 통한다. 매우 합리적이다.

따라서, 과거와 같은 얼차려나 몽둥이가 필요치 않다. 그래서 나는 소대장, 분대장급에 의한 병사들 얼차려는 절대로 하지 못하게 했다. 분명한 규정위반과 잘못이 있을 때는 규정대로 최소한 중대급장 이상이 주관하는 징계위원회를 통해서 대대 '군기 교육대'를 통한 공식적인 얼차려만이 가능하도록 엄격히 제한했다. 다시 말해서, 초급간부에 의한 얼차려를 하지 못하도록 한 것이다. 그래서 우리 대대는 대대장이 동의하거나 인정하는 얼차려 말고는 일체의 기합이나 얼차려가 없다. 그래도 부대 잘 돌아간다. 오히려 더…

**열 일곱 번째, 벌보다 칭찬과 상(償)이 많아야 한다.**

지극히 당연한 일이다.

나는 이 원칙을 너무 많이 활용한 편이다.

병사들과 대대 간부들에 대한 공식적인 대대장 표창이 우리 대대가 사단에서 가장 많았다. 물론, 절대 수치로 많은 것이 잘하는 것은 아니다. 다만, 어떤 훈련이나 행사에 있어서도 반드시 표창에 의한 격려를 활성화하였으며, 또한, 매월 정기표창으로 모범간부 1명씩, 그리고 병사들은 모범 분대장과 모범 병사를 격월제로 중대당 1명씩 선발하여 표창을 주었다.

　그러한 가운데서 각 중대에서는 매달 모범 병사로 선발되기 위한 보이지 않는 선의의 경쟁이 상당히 치열했던 편이다. 동료로부터 칭찬이 많은 병사를 이 달의 모범 병사로 선발을 했으니 병사들 상호간에는 칭찬을 얻고자하는 분위기가 상당히 성숙되어 있었다.

　이것이 부대의 질서를 유지해 가는 데 적지 않은 역할을 한 것으로 평가된다.

### 열 여덟 번째, 사안마다 동기를 부여한다.

　나는 무엇이라도 단체활동을 할 때마다 동기부여를 중시했고, 이를 위해 늘 고민했다. 나의 리더십의 하나의 원칙으로…

　훈련을 하든, 체력단련을 하든, 작업을 하든, 언제나 그 목적과 요구수준을 반드시 교육하도록 했고, 특히, 장기적인 동기부여를 위해 많은 생각을 했다.

　예를 들어, 신병들이 전입을 오면, 대대 인사과에서 바로 가슴둘레를 측정해서 기록해 놓고 있다가, 100일 휴가를 출발할 때면, 동기들 중에 가슴둘레가 가장 많이 늘어난 이등병에게 기본 4박 5일 휴가에 1일의 포상을 추가해 주는 제도를 시행했다.

이것은 처음의 기대 이상으로 좋은 반응과 함께 동기유발이 되었다. 우선, 선임병들이 자기 신병들을 배려하여 시간 날 때마다 체육관으로 데리고 다니면서 같이 운동하는 분위기가 성숙되었고, 이등병 때부터 고참 눈치 보지 않고 스스로의 선택에 의해 역기를 들고 아령을 드는 분위기가 조성되고 있는 것이다.
　이것은 신세대들의 소위 '몸짱' 만들기 유행과 맞아 떨어지고 있는 것이다.
　또한, 앞에서 언급한 전역자들을 칭찬해 주기 위해 창의적으로 시행한 『군복무 평가제』는 우리 병사들이 군복무 중에 자기 자신의 행실을 가다듬는 좋은 동기유발의 제도로 정착되었음을 전역자들을 통해서 확인할 수 있다.

**열 아홉 번째, 벌은 형식과 격식을 갖추어 준다. 절대로 감정적으로 지시하지 않는다.**

　대대 500여 명을 지휘하다 보면, 벌을 줄 일이 사실 적지 않다. 때로는 화가 나서 참기 어려운 감정을 느낄 때도 많다. 그러나, 중요한 것은 지휘관으로서 가볍게 보일 수는 없는 노릇이다. 그것은 지휘관으로서의 권위와도 직결되는 부분이다.
　사실, 좋지 않은 일이 발생했을 때, 통상, 지휘관이라도 자기 성질이 나타나기 마련이다.

소위 말하는, 『마인드 콘트롤(Mind control)』이라는 것이 쉽지 않다.

그래서, 더 더욱 나는 나의 이 원칙을 지키려고 노력한 것 같다.

아무리 화가 나도 그 자리에서 벌을 주는 지휘조치를 하지 않았다. 반드시 공식적인 회의시간을 통해서 그에 상응하는 규정에 입각해서 벌과 지휘조치를 지시하려고 애를 썼다. 그것이 다른 사람에게도 파급효과가 크다고 보여지기 때문이다.

**스무 번째, 백 번 정신교육 하는 것보다, 한 두 번 같이 목욕하고, 같이 축구하고, 같이 탁구치며 어울리는 것이 백 번 효과 있다.**

통상, 지휘관으로서 대대 전병력 또는 중대 전병력을 모아 놓고 정신교육을 할 때가 많다.

특히, 규정을 준수하는 부대생활과 사고예방을 위해서…

물론, 절대적으로 필요하다.

그러나, 한꺼번에 효과를 보기 위해 전병력을 대상으로 여러 번 교육하는 것도 중요하지만 병사들 입장에서 보면, 그 교육내용 이라는 것이 대개의 경우 몰라서 못하는 것이 아니며, 자기 의지의 문제인 경우가 대부분이다. 따라서, 그런 교육이 많으면 많을수록, 들으면 들을수록 졸리기만 하다.

중요한 것은, 지휘관과 부하간에 서로에게 관심과 신뢰를 지키고자 노력하려는 분위기라고 생각된다.

따라서, 그것은 절대 다수를 상대로 달로 교육만 한다고 될 일이 아니라고 생각되었다.

그래서 나는 내가 다소 귀찮고 힘들어도 소수의 병사들을 여러 번 상대하면서 이름을 불러주고 기억하려고 많은 시간을 투자했다.

**스물 한 번째, 가끔 대단결을 위한 이벤트를 만든다.**

사람은 누구에게나 특별한 무엇인가가 필요하다. 스트레스를 해소하거나 판에 박힌 생활을 탈피하기 위해서…

그건 종류와 상황에 따라서 다양하겠지만 부대원 전체가 참여하는 그 어떤 것을 의미한다.

여러 가지가 있을 수 있을 것이다.

일상적인 체육대회 이외에, 나는 작년 연말에 'DMZ 송년의 밤'이라는 대대 자체 행사를 시행했다. 대대 연병장에 대형 캠프파이어를 피워 놓고, 중대별로 돼지고지 바베큐를 즐기면서, 대대장부터 노래하고 춤추면서 일상을 떨쳐 버리고 그 밤을 환하게 만들었다. 우리 모든 대대원들은 이 날을 추억으로 간직한다.

또 한 번은, 대대원 전체 누구나 자기 희망하에 참여

하는 '수색 백일장'을 개최하여 자신의 추억을 글로 남기도록 했다. 여기에 기대 이상으로 재미있는 작품들이 많아 대대장이 직접 편집해서 『수색 에세이』라는 책자로 만들어 대대원들이 공유하도록 했다.

이 책은 대대원 모두 참여한 책이다. 대대원들이 너무도 애착을 갖는 우리의 작품이 되었다.

그러나, 이러한 이벤트는 자주 할 일은 아니다.

첫째는, 금전적인 부담이 따르며,

둘째는, 부대가 불필요하게 피곤할 수 있기 때문이다.

어떻든, 적당한 수준에서 부대의 대단결을 위한 이벤트가 1년에 한 두 번 쯤은 필요하다고 보여진다.

**스물 두 번째, 화통하게 웃자, 웃어야 의사소통이 된다.**

나의 리더십에 원칙을 세워 놓고, 내가 가장 실천하지 못한 것이 있다면, 바로 이 원칙이라고 생각된다.

항상 진지하기만 하거나, 자주 화를 내는 모습보다는, 항상 웃는 모습, 밝은 모습이 보기도 좋고, 여러 사람이 상대하기도 좋다는 것은 지극히 상식이다.

그럼에도 불구하고, 일반적으로 가장 어려운 것이 바로 이것이 아닌가 한다.

나는 대대의 간부들로부터 웃는 모습을 더 자주 보여 달라는 지적을 많이 받은 편이다.

아무래도 대대장이 웃을 때, 대대 분위기는 덤으로

밝아지기 마련이기 때문이다.
 웃을 수 없는 경우가 많은 탓인가?
 나도 모르게 항상 무게를 잡아서(?) 그런가?
 아무튼, '웃음이 있는 곳에 복이 있고, 웃음이 있는 곳에 대화가 통한다'는 진리를 나는 오늘도 염두에 두고 있다.

**스물 세 번째, 투자한다. 내 부대를 위해서 내가 할 수 있는 모든 정성을 투자한다.**
 지휘관이라면 누구나 이러한 마음이 없는 사람이 없다.
 나도 예외는 아니다.
 무엇을 하든 정성이 중요하다고 생각된다. 그것은 내 생각에는 '관심과 시간과 금전과 행동의 투자'라고 느끼고 있다.
 이것은 상대적으로 평가할 일이 아니며, 자기 자신만의 만족도일 것이다.
 나는 지금, 나의 직책에서 나의 투자에 '최선을 다한다'고 하고 있다. 상대적으로 보기엔 많이 부족할 수도 있지만…
 나의 능력이 모자라서 못하는 것은 어쩔 수 없는 노릇이다. 지나고 나서 배울 뿐이다. 그러나 나는 내 부대에 그리고 나의 모든 요원들에게 떳떳하게 말하고 싶다. 대대장은 최선을 다했노라고…

## 3. 대대장 마음의 편지

　대대의 모든 병사들이 대대장에게 매월 한 번씩 마음의 편지라는 것을 써서 대대장에게 모아 보낸다. 대대 500여 명 전 병력이…
　이것은 어느 부대나 다 실시하는 기본적인 제도이다.
　병사들이 매월 대대장에게 보내는 이 『마음의 편지』라는 것은 잘 활용하면 부대를 지휘하고 관리하는 데 정말 좋은 제도가 된다.

　나도 귀 빠진 이후에 이렇게 많은 편지를 매월 읽어 보고, 이렇게 긴 답장을 써 보기도 처음이다.
　대대 500여 명의 편지를 읽으려면 꼬빡 읽어도 최소한 4시간이 걸린다. 좀 게으르거나 바쁘다 하면 다 읽는데 일주일이 걸리는 경우도 있다. 그래서 평일 업무 시간에 읽기가 어려워서 통상 일요일에 출근해서 마음먹고 읽고 답장을 쓴다. 통상 8장에서 10장 정도를…

나도 좀 게으른 편이라 편지를 읽기도 귀찮아 하고 쓰기는 더 더욱 싫은 사람이다. 전화, E-mail 등 편리한 게 있는데…

내가 15년 전에, 지금 아내가 된 나의 사랑하는 애인에게 연애편지를 써 본 이후로 아마도 대대장 하면서 다시 해보는 노릇일 것이다.

아마도 그때 내가 이런 정성을 보였다면 나의 아내가 탄복했을 꺼다.

병사들은 단체생활을 하기 때문에 애로사항이 늘 있기 마련이다. 단체생활에서의 애로사항, 개인적인 애로사항, 타인의 애로사항 등등…

이러한 애로사항을 자신의 비밀을 보호받을 수 있는 상태에서 호소할 창구가 있어야 한다.

뿐 만 아니라, 자기 부대에 대한 자랑이나, 타인에 대해 고마움을 표현하기 위해 타인을 칭찬해 줄 수 있는 언로가 필요하다.

그래서 나는 다음과 같은 방법으로 대대장에게 편지를 쓰도록 했다.

첫째, 편지 속에 포함할 내용은,
   하나는, 자기 부대(분대, 소대, 중대 또는 대대)에 대한 자랑이고,
   또 하나는, 자신의 애로사항 및 건의사항이며,
   또또 하나 또는, 남을 칭찬하는 내용이다.

둘째, 편지를 쓰는 방법은 완전한 비밀의 보장이다.
   계급별로 구분하여 상급자, 소위 고참으로부터 간섭받지 않도록 하고, 또한, 자기가 쓴 내용은 스스로 봉투에 바로 봉하므로써 철저하게 비밀이 보장되도록 하는 것이다.

셋째, 무기명을 원칙으로 하고, 필요하면 자기 이름을 밝히도록 한다.
   그래야 부담이 없고, 심지어는 대대장에 대한 비판도 할 수 있기 때문이다.

가장 중요한 것은 역시 '애로 및 건의사항'이다.
   단체생활의 애로사항, 개인의 애로사항 등등이 뭐가 그리도 많은지…
   매월 해결해 주어도 끊이질 않는다. 역시, 500여 명이 훈련하고, 먹고, 자고, 입고, 휴식해야 하는 모든 일들이 관련되기 때문이다.

"탁구대가 노후 되었는데, 교체해 주었으면…"
"편지, 소포 등 우편물이 다소 늦어지는데…"
"휴일에 운동 후에 VTR 상영을 활성화 했으면…"
"개인정비 및 체육활동이 아직도 보장이 잘 안되고 작업이 많은데…"
"공중전화가 부족해 기다리는 경우가 있는데, 추가 설치했으면…"
"도서관에 책이 잘 반납이 안 되는데, 모두 잘 반납 했으면…"
"태권도 무단자는 일병이내에 단증을 따면 포상휴가가 있는데, 입대할 때부터 유단자도 포상이 있었으면…"

뭐 주로 이런 것들이다.

그러나 가끔 심각한 것도 있다.
"모 상병이 모 일병에게 휴가갈 때 돈을 3만원 빌렸는데, 3개월이 지나도 갚질 않아…"
"모 선임병이 하급자들에게 갈갈이(말로 괴롭히는 것)가 심한데…"
"모 간부가 위병소 들어오면서 수하에도 응하지 않고, 오히려 욕을 심하게 하는데…"

또, 내가 대대장으로 부임한 지 얼마 안 되어서는 이런 일도 있었다.

"모 간부가 교육 중에 모 병장을 '엎드려 뻗쳐' 시켜 놓고 발로 엉덩이를 걷어찬 일이 있어…"

그래서 모 간부를 규정에 의해서 처벌을 한 일도 있다.

따라서, 이러한 마음의 편지는 조직 속에 포함되어 있는 병사들에게는 일종의 『신문고』같은 역할을 하게 되고, 대대장에게 자신을 의지하고 보호받을 수 있는 '믿는 구석'이 되는 것이며, 대대장은 이런 제도를 통해 병사들을 보호하고 부대의 질서를 잡아 나가는 것이다.

부대를 진단하고 질서를 유지해 나가며, 병사들을 보호해 가는 데, 있어 여러 가지 방법이 있지만 아마도 이 방법이 가장 규칙적으로 일상화되어 있고, 효과적인 방법이 될 것이다.

또한, '부대 자랑'이라는 코너를 통해, 자기 분대, 자기 소대, 자기 중대를 자랑하면서 스스로의 장점과 자부심을 찾아가는 계기가 된다. 생활 속에 젖어 잘 느끼지 못하던 자기 부대의 장점을 '쓰기' 위해서라도 생각해 보게 되는 것이다.

또, '칭찬합시다'라는 코너를 통해 남을 칭찬하도록 하고, 대대장은 그 칭찬받은 병사나 간부의 이름을 대대장이 쓰는 답장에 꼬옥 열거를 해준다.

그런 과정을 통해서 병사들은 칭찬받는 사람의 이름에 자신의 이름이 거론되기를 희망하게 될 뿐 만 아니라, 대대장에 의해 자신이 이름이 씌여지는 것을 즐거워하게 된다. 그건 누구라도 마찬가지가. 나도 누가 나를 칭찬해 주면 기분이 좋아지게 마련이기 때문이다.

어떤 병사는 '칭찬합시다'에 이름이 등록되기를 바라는 마음에서 하급자에게 은근히 부탁아닌 부탁을 하는 경우도 있다. 또, 마음의 편지를 쓸 시기가 다가오면, 고참들, 즉 선임병들의 태도가 훨씬 더 부드러워 진다는 것이 하급자들의 일반적인 이야기이다.

이 얼마나 좋은 제도인가.

물론, 이것이 다는 아니지만 이러한 『마음의 편지』라는 『신문고』 같은 제도를 통해서 부대를 자랑하고, 애로사항을 호소하고, 남을 칭찬하면서 병사들의 생활이 스스로 보다 더 투명해 지고, 순화되어 가는 것이며, 부대의 질서가 유지되어 가는 것이다.

부모로부터 부대에 맡겨진 이 병사들을 보호하기 위해 부대의 모든 지휘관들의 이와 같은 노력을 앞으로도 끊임없이 계속될 것이다.

### 송 운 수(宋雲洙)

· 한국외국어대학교 정치외교학과 졸업
· 학군장교(24기) 임관
· 고려대학교 국제정치 석사과정 졸업
· 제15보병사단 정보참모 역임
· 제15보병사단 수색대대장 역임
· (현)육군정보학교 전술학처 선임교관

## 지휘관은 한 번 더 생각한다

2006년 9월 1일 초판인쇄
2006년 9월 10일 초판발행

지은이 : 송운수
펴낸이 : 연규석
펴낸데 : 도서출판 고글

140-872 서울시 용산구 한강로 2가 144-2
등록일 : 1990년 11월 7일(제302-000049호)

전화 : (02)794-4490, 796-0077

값 10,000원

저자와 협약하여 인지 생략함